中高职一体化机械设计制造类专业融合式项目教程

U0828860

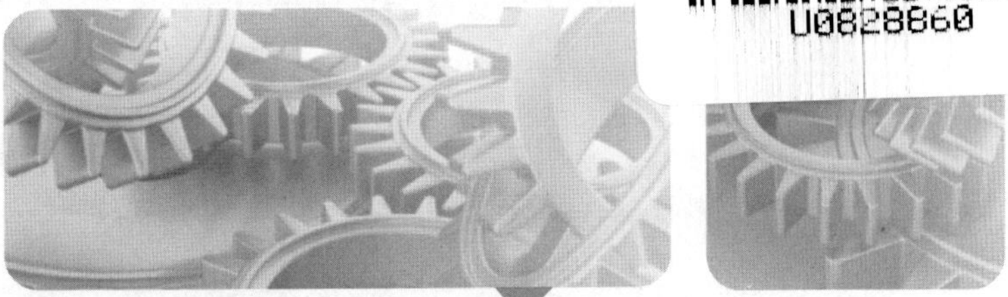

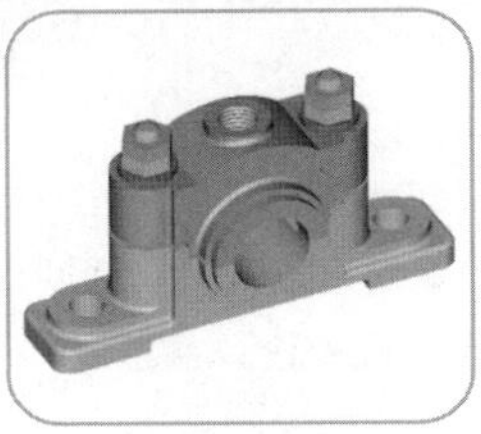

常用产品数控加工（下册）

B教程

禹　诚　张　路　杨小平　主编
王　燚　李　杰
李永江　钟　波　参编

華中科技大學出版社
http://press.hust.edu.cn
中国·武汉

内容简介

本系列教材的A、B教程需同步使用，强调以学习者为中心，以工作过程为导向，以做定学，以学定教，以评促学。需要做什么，就学什么；需要学什么，就教什么；学了什么，就测评什么。同步检测做、学、教的效果，有效控制项目教学过程，确保项目教学效果。

本教材对应A教程中“吊坠的绘图与制作”“迷你小锤的绘图与制作”“镂空魔方的绘图与制作”“坚果夹的绘图与制作”等四个项目实施需要，以工作过程导向，编写够用的链接知识，助力学生完成对应A教程的任务实施。重点学习机械制图、零件测量与质量控制技术、数控车削加工技术与技能、数控铣削加工技术与技能、CAD/CAM技术应用等领域知识和技能。

图书在版编目(CIP)数据

常用产品数控加工(下册)B教程 / 禹诚，张路，杨小平主编. -- 武汉 ：华中科技大学出版社，2024. 7. --(中高职一体化机械设计制造类专业融合式项目教程). -- ISBN 978-7-5680-9743-7

Ⅰ. TG659-39

中国国家版本馆CIP数据核字第2024EM1737号

常用产品数控加工(下册)B教程

Changyong Chanpin Shukong Jiagong(Xiace) B Jiaocheng

禹 诚 张 路 杨小平 主编

策划编辑：王红梅
责任编辑：李 露
封面设计：原色设计
责任校对：王亚钦
责任监印：周治超
出版发行：华中科技大学出版社(中国·武汉) 电话：(027)81321913
武汉市东湖新技术开发区华工科技园 邮编：430223
录 排：武汉市洪山区佳年华文印部
印 刷：武汉科源印刷设计有限公司
开 本：787mm×1092mm 1/16
印 张：11.25
字 数：232千字
版 次：2024年7月第1版第1次印刷
定 价：78.00元

华中出版

本书若有印装质量问题，请向出版社营销中心调换
全国免费服务热线：400-6679-118 竭诚为您服务
版权所有 侵权必究

前言

党的二十大报告提出，坚持把发展经济的着力点放在实体经济上，推进新型工业化，加快建设制造强国、质量强国、航天强国、交通强国、网络强国、数字中国。习近平总书记强调："装备制造业是国之重器，是实体经济的重要组成部分"。在推进中国式现代化的进程中，装备制造类技术技能人才对促进"强国"战略新质生产力发展起到重要作用。

为了培养促进"强国"战略新质生产力发展所需的高水平装备制造类技能人才，为了培养符合制造强国战略需要的高水平装备制造大类技能人才，编写团队专注中高职教育教学改革 20 多年，积累了丰富的项目化教学改革经验。本系列教材聚焦机械设计制造类专业学生学习和教师教学的痛点：一是中职和高职阶段专业课程缺乏统筹规划，教学衔接不畅，岗课证赛融通困难，毕业生难以满足企业岗位需求；二是传统专业教学通常采用专业基础和专业课分门分科教学，互为支撑的课程因开设时间不连续而彼此割裂，理论知识和实践技能脱节，造成学生学习困难、教师教学不畅。

编写团队依据陶行知"教学做合一"理念，通过对标机械设计制造类专业的职业面向、培养目标定位、专业能力要求，精心设计思政性、趣味性、实用性、连贯性的教学项目，形成中高职一体化全学程专业教学项目链，创新编写中高职一体化融合式纯项目化教材，破解中高职教学衔接不畅、课程割裂、理实脱节等难题。教材在项目任务选题上突出思政功能，引入中国传统文化元素、突出环保理念、借用大国重器等情境，树立学生文化自信、促进学生环保意识、激发学生专业担当、培植学生报国之志，有效达成价值塑造、知识传授、能力培养的有机融合。该系列教材包括：简单产品普通加工、中等复杂产品数控加工、复杂产品综合加工、多轴加工与数控设备装调、智能产品创新设计共五大模块的上下册共 10 套教材，每套教材都包括"做学教评同步"A、B 教程。

A 教程为基于项目实施过程的"做学教评"同步工作页，B 教程为基于项目实施过程的"跨科目融合"同步学习页。教学团队联合企业专家，根据知识对岗位能力的贡献度，依据国家教学标准，将关键学习领域知识点进行了编码（机械设计制造类专业关键知识点编码表见附录）。不同领域的知识点学习页在 B 教程中用不同标识色块进行了区别，提取全套教材中同标识色块学习页，按知识点编码顺序装订成册将获得传统学科教材，有效兼顾了传统教学模式的教学用书。

本系列教材的A、B教程需同步使用，强调以学习者为中心，以工作过程为导向，以做定学，以学定教，以评促学。需要做什么，就学什么；需要学什么，就教什么；学了什么，就测评什么。同步检测做、学、教的效果，有效控制项目教学过程，确保项目教学效果。

本教材为《常用产品数控加工（下册）B教程》，根据对应A教程中“吊坠的绘图与制作”“迷你小锤的绘图与制作”“镂空魔方的绘图与制作”“坚果夹的绘图与制作”等四个项目实施需要，以工作过程导向，编写够用的链接知识，助力学生完成对应A教程的任务实施。重点学习机械制图、零件测量与质量控制技术、数控车削加工技术与技能、数控铣削加工技术与技能、CAD/CAM技术应用等领域知识和技能。

本教材由禹诚、张路（武汉江夏职业技术学校）、杨小平担任主编，参加编写的还有王燚、李杰老师和李永江、钟波等企业技术技能大师。

特别感谢为教材编写提供帮助的企业专家和毕业生！由于教学团队的教学改革还在持续进行，教学项目还在不断优化，教材编写还存在很多不足，敬请各位专家、读者原谅，欢迎大家多提宝贵修改意见，谢谢！

编　者

2024年6月30日于武汉

目录

链接知识 A303.1 两圆柱正交的相贯线画法

1. 相贯线概述

两立体表面的交线称为相贯线，如图 A303.1-1 及图 A303.1-2 所示。三通管是由水平横放的圆筒与垂直竖放的带孔圆锥台组合而成的。盖是由水平横放的圆筒与垂直竖放的带孔圆锥台、圆筒组合而成的。它们的表面（外表面或内表面）相交，均出现了箭头所指的相贯线，在画该类零件的投影图时，必然涉及绘制相贯线的投影问题。

讨论两立体相交的问题，主要就是讨论如何求相贯线。工程图上画出两立体相贯线的意义，在于用它来完善、清晰地表达出零件各部分的形状与相对位置，为准确地制造该零件提供条件。

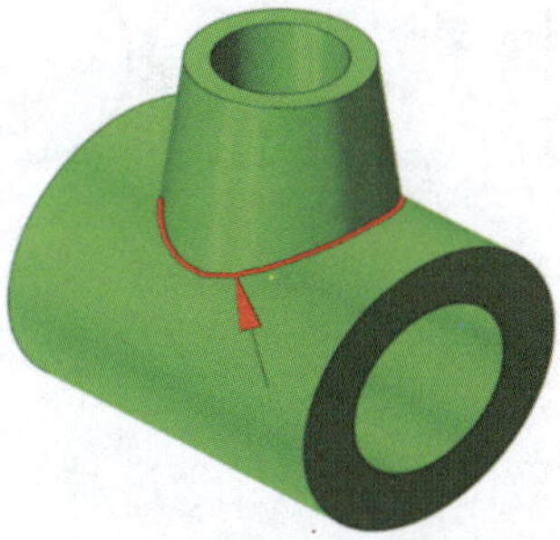

图 A303.1-1　三通管

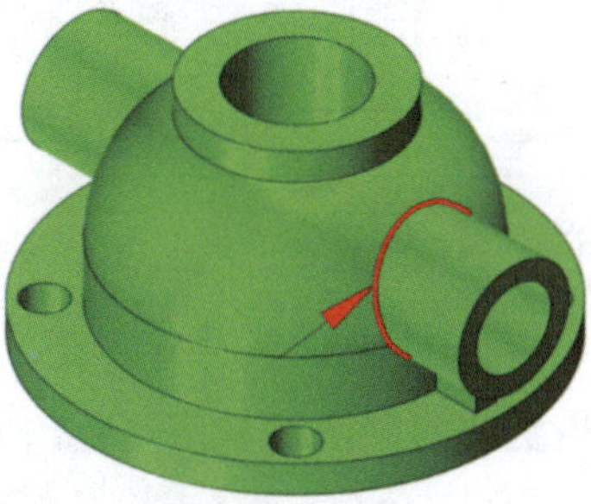

图 A303.1-2　盖

(1) 相贯线的性质。

组成相贯体的各立体的形状、大小与相对位置不同，相贯线也会表现为不同的形状，但任何两立体表面相交的相贯线都具有下列基本性质。

① 共有性。

相贯线是两相交立体表面的共有线，也就是两立体表面的分界线，相贯线上的点一定是两相交立体表面的共有点。

② 封闭性。

由于形体具有一定的空间范围，所以相贯线一般都是封闭的，在特殊情况下还可能是不封闭的，如图 A303.1-3 所示。

(2) 相贯线的形状。

平面立体与平面立体相交，其相贯线为封闭的空间折线或平面折线。平面立体与曲面立体相交,其相贯线为由若干平面曲线或平面曲线与直线结合而成的封闭的空间几何形状。

由于平面立体与平面立体相交或平面立体与曲面立体相交,都可以理解为平面与平面立体或平面与曲面立体相交的截交情况,因此,相贯的主要形式就是曲面立体与曲面立体相交。最常见的曲面立体就是回转体。两回转体相交,其相贯线在一般情况下是封闭的空间曲线,如图 A303.1-3 所示,特殊情况下,也可能是平面曲线(见图 A303.1-4),也可能由直线与平面曲线组成(见图 A303.1-5)。

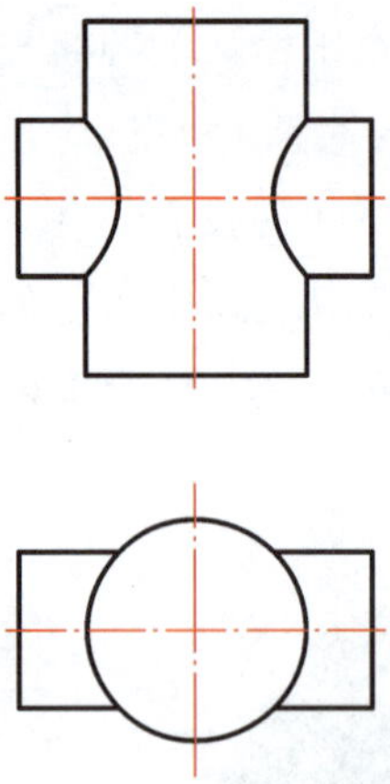

图 A303.1-3　一般情况图

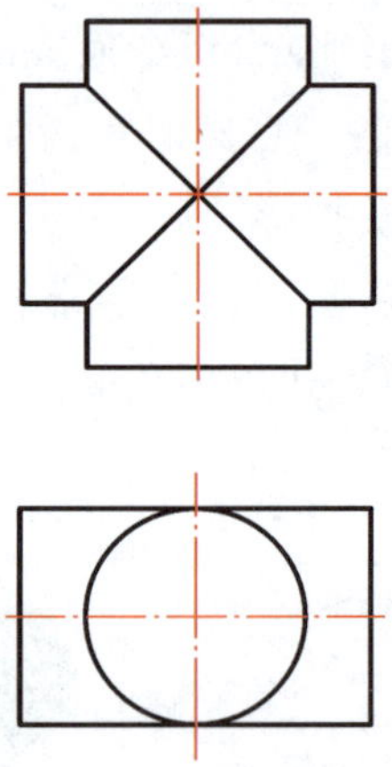

图 A303.1-4　特殊情况 1

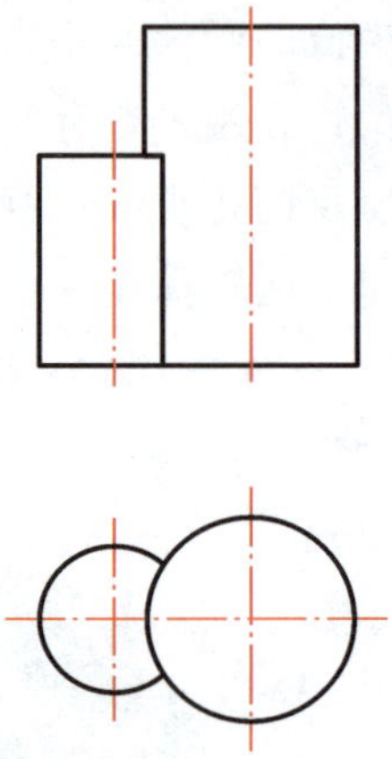

图 A303.1-5　特殊情况 2

2. 求相贯线的方法及步骤

(1) 相贯线的作图方法。

两圆柱的轴线垂直相交,相贯线就是封闭的空间曲线,且前后对称、左右对称。相贯线的水平投影与垂直竖放圆柱体的圆柱面水平投影的圆重合,其侧面投影与水平横放圆柱体相贯的柱面侧面投影的一段圆弧重合。因此,需要作的就是相贯线的正面投影,故可用面上取点法作图。

(2) 相贯线的作图步骤。

求两回转体的相贯线,就是要求出相贯线上一系列的共有点。求共有点的方法有面上取点法、辅助平面法与辅助同心球面法。具体作图步骤如图 A303.1-6 所示。

① 求特殊点(如点 a、b、c、d)。由于两圆柱的正视转向轮廓线处于同一正平面上,故可直接求得 a、b 两点的投影。点 a 与点 b 是相贯线的最高点(也就是最左点与最右点),其正面投影为两圆柱面正视转向轮廓线的正面投影的交点 a' 与 b'。点 c 与点 d 是相贯线的最前点与最后点(也就是最低点),其侧面投影为垂直竖放圆柱面的侧视转向轮廓线的侧面投影与水平横放圆柱的侧面投影的交点 c'' 与 d''。而水平投影 a、b、c 与 d 均在直立圆

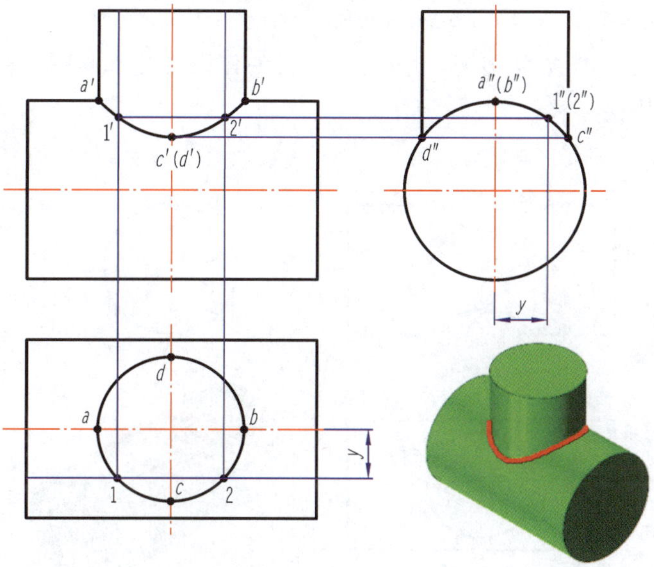

图 A303.1-6　圆柱与圆柱正交

柱面的水平投影的圆上。由 c、d 与 c''、d'' 即可求得正面投影上的 c' 与(d')。

② 求一般点(如点 1、2)。先在相贯线的侧面投影上取 1″与(2″)，过点 1、2 分别作两圆柱的素线，由交点定出水平投影 1 与 2。再按投影关系求出 1′与 2′(也可用辅助平面法求一般点)。

③ 判别可见性。按水平投影中各点的顺序，将相贯线的正面投影依次连成光滑曲线。因该结构前后对称，对于相贯线的正面投影，其不可见部分与可见部分重影。相贯线的水平投影与侧面投影都积聚在圆上。

轴线正交的两圆柱有三种基本形式，除图 A303.1-6 与图 A303.1-7 所示的两外表面

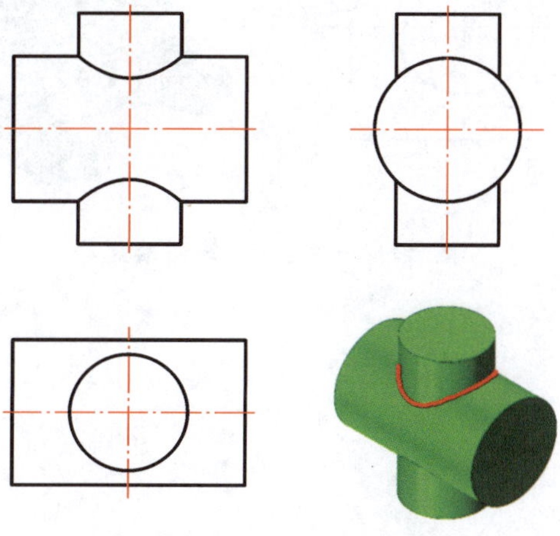

图 A303.1-7　两外表面相交

相交的形式外，还有如图 A303.1-8 所示的外表面与内表面相交的形式与图 A303.1-9 所示的两内表面相交的形式等，这些结构的相贯线的作图方法都与图 A303.1-6 所示结构的相贯线的作图方法一样。

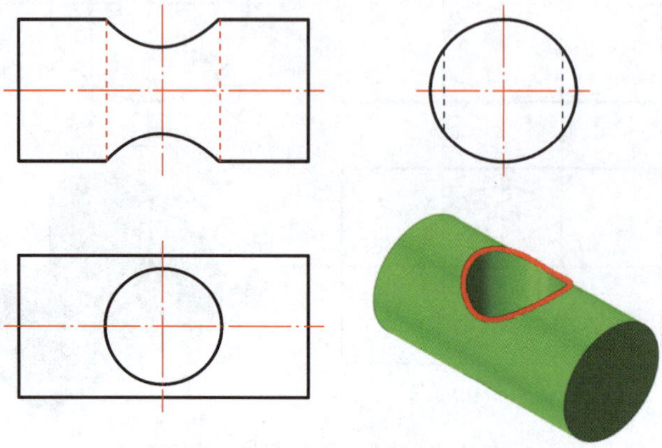

图 A303.1-8　外表面与内表面相交

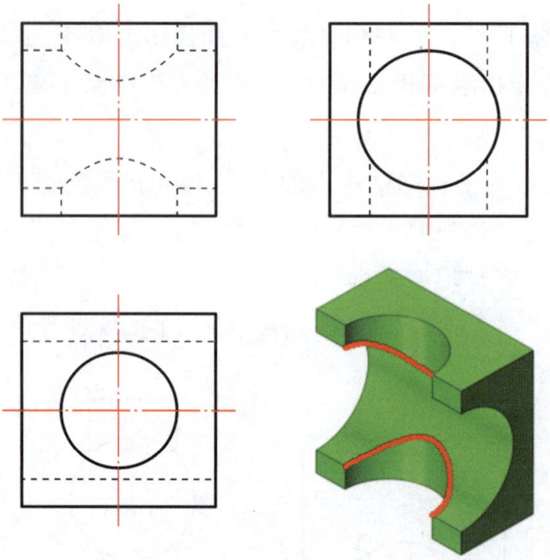

图 A303.1-9　两内表面相交

链接知识 I101 数控车床操作规程

1. 数控车床安全操作规程

(1) 工作时应穿紧身工作服,戴防护眼镜,戴袖套,袖口不要敞开,并应保持整洁。女同学应戴工作帽,头发应塞入帽内。夏季禁止穿裙子、短裤、凉鞋和高跟鞋上机操作。

(2) 不穿拖鞋上岗,不允许戴手套和围巾进行操作。

(3) 开车前检查车床各部分机构及防护设备是否完好,各按键是否失效、位置是否正确。检查各注油孔,并进行润滑。然后使主轴空运转 1～2 分钟,待车床运转正常后才能工作。若发现车床运转不正常,应立即停车,告知实训指导教师进行维修,未修复不得使用。

(4) 刀具、量具等的放置要稳妥、整齐、合理,它们要有固定的位置,以便操作时取用,用后应放回原处。

(5) 工具箱内应分类摆放物件。不可随意乱放,以免损坏和丢失。

(6) 应正确使用和爱护量具。经常保持清洁,用后擦净、涂油、放入盒内。禁止把工具、夹具或工件等放在车床导轨上。

(7) 不允许在卡盘及车床导轨上敲击或校直工件,床面上不准放置工具或工件。在数控车床上装卸工件应在机床锁住后进行。

(8) 车刀磨损后,应及时刃磨,不允许用钝刃车刀继续车削,以免增加车床负荷、损坏车床,影响工件表面的加工质量和生产效率。

(9) 使用切削液前,应在床身导轨上涂润滑油,车削铸铁或气割下料的工件时,应擦去导轨上的润滑油。

(10) 除车床上装有的自动测量工具可在运转中进行测量外,其余情况下,均应停车测量工件,并将刀架移到安全位置。

(11) 工作时,必须集中精力并戴上防护眼镜,以防切屑飞入眼中,注意手和身体,头不应跟工件靠得太近,自动加工时必须关闭防护门。

(12) 车床自动加工时,不得打开防护门,不能测量工件,也不要用手去摸工件的表面。尤其是加工螺纹时,严禁用手抚摸螺纹面,以免伤手。严禁用棉纱擦抹转动的工件。

(13) 应用专用的钩子清除切屑,绝对不允许用手直接清除。

(14) 工作完毕后,将使用过的物件揩净归位,清理机床、刷去切削、擦净机床各部位的油污;按规定加注润滑油,最后把机床周围打扫干净;将床鞍摇至床尾一端,各转动手柄放到空挡位置,关闭电源。

(15) 操作数控系统面板及操作数控机床时,严禁两人同时操作。

(16) 完成程序输入及对刀后,要做模拟校验,以防止正式操作时发生撞坏刀具、工件或设备等事故。

2. 数控车床日常维护规程

(1) 每天做好各导轨面的清洁润滑,对于有自动润滑系统的机床,要定期检查、清洗自动润滑系统,检查油量,及时添加润滑油,检查油泵是否定时启动打油及停止工作。

(2) 每天检查主轴箱自动润滑系统工作是否正常,定期更换主轴箱润滑油。

(3) 注意检查电器柜中的冷却风扇是否工作正常,风道过滤网有无堵塞,清洗黏附的尘土。

(4) 注意检查冷却系统,检查液面高度,及时添加油或水,油、水脏时要及时更换。

(5) 注意检查主轴驱动皮带,调整松紧程度。

(6) 注意检查导轨镶条松紧程度,调节间隙。

(7) 注意检查机床液压系统油箱油泵有无异常噪声,工作油面高度是否合适,压力表指示是否正常,管路及各接头有无泄漏。

(8) 注意检查导轨、机床防护罩是否齐全有效。

(9) 注意检查各运动部件的机械精度,减少形状和位置偏差。

(10) 每天下班前做好机床清扫工作,清扫铁屑,擦净导轨部位的冷却液,防止导轨生锈。

链接知识 I102 数控车床认识

数控车床是一种高精度、高效率的自动化机床，可以用于各种轴类零件或盘类零件的内外圆柱面、任意锥角的内外圆锥面、复杂回转内外曲面、圆柱/圆锥螺纹等的切削加工，并能进行切槽、钻孔、扩孔、铰孔及镗孔等。它利用数字编码、计算符号和代码程序控制自动化操作加工车床，将加工操作步骤通过提前设置好的程序代码交由数控车床自动化加工。

下面以 CKA6132 型号的车床为例来进行讲解。

1. 数控车床型号的含义

数控车床的型号通常由一系列数字和字母组成，可以表示机床的规格、性能和特点等信息，如表 I102-1 所示。

表 I102-1　数控车床型号的含义

CKA6132		
位置	代号	含义
第 1 位	C	车床(类代号)
第 2 位	K	数控代号
第 3 位	A	结构特性代号
第 4 位	6	组代号(落地及卧式车床)
第 5 位	1	系代号(普通落地及卧式车床)
第 6 位	32	主参数(最大加工件回转直径 320 mm)

2. 认识数控车床组成部件

(1) 数控车床结构。

数控车床主要由以下几个部分组成。

① 机身：包含床身、床板、床架等零件。床身是数控车床最主要的组成部分，承载整个机床的各种工作负荷和切削外载荷。

② 主轴驱动装置：由电机、变速箱、主轴等部分组成。它们协同工作，带动工件旋转。通常，主轴的型号、转速和功率都直接关系着车床的加工能力。

③ 刀架：车刀进给机构，用于支撑和固定车刀和进给装置。刀架还有自动刀架进

给和曲柄行程等功能。刀架的结构和刀架的数目决定了车床的工件加工能力。

④ 卡盘装置：用于固定和夹持工件的装置。根据工件的不同，有多种类型的卡盘可供选择，包括手动卡盘、液压卡盘、气动卡盘等。

⑤ 机床控制系统：数控车床的核心部件，由电气、液压及气动元件、程序控制装置等组成。通过编写数控程序，进行自动化控制，可实现各种复杂的零件加工。

另外，数控车床还配备了冷却系统、润滑系统和排屑装置等辅助装置，以保证机床的正常运行和加工质量。不同型号和品牌的数控车床在具体结构和组成上可能会存在一些差异。CKA6132 型号车床的结构如图 I102-1 所示。

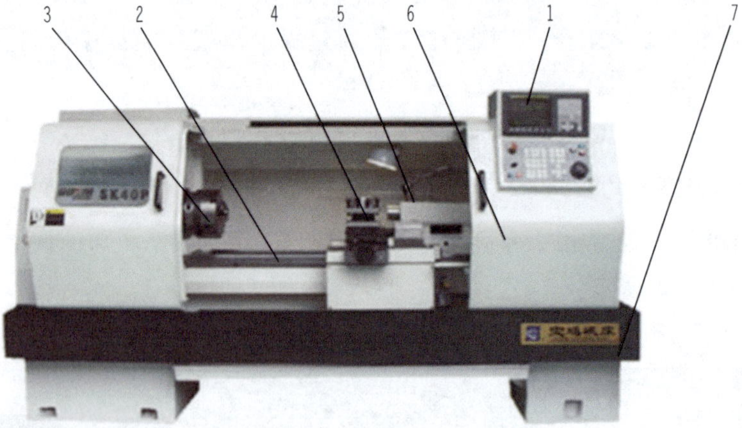

图 I102-1　数控车床的结构

（2）数控车床的组成及功能。

数控车床由主机、数控装置、驱动装置、辅助装置、编程及其他附属设备等组成，具体如表 I102-2 所示。

表 I102-2　数控车床的组成及功能

序号	名称	功能
1	数控装置	主要功能是接收输入装置的信号，经过编译、插补运算和逻辑处理后，输出信号和指令到伺服系统，进而控制机床的各个部分进行动作。
2	导轨	起导向及支承作用，它的精度、刚度及结构形式等对机床的加工精度和承载能力有直接影响。
3	卡盘	夹持工件。
4	刀塔	安装刀具。
5	尾座	用于安装顶尖、钻头等。
6	防护门	安全防护作用。
7	床身	支撑数控车床各部件。

链接知识 I103　数控车床的控制面板认识

数控车床的控制面板是操作者与机床进行交互的重要工具。操作数控车床时，操作者需要通过控制面板输入程序指令、坐标值、参数等，并监控机床的运行状态和加工过程。同时，控制面板还可以提供手动控制机床的功能，如手动进给、手动换刀等。

下面以华中 8 型数控操作系统（HNC-808Di-TU）面板为例，来认识数控车床控制面板。

1. 系统主机面板（NC 面板）

数控车床系统主机面板是数控车床的控制中心，它包括了许多按键、旋钮和显示屏等设备，用于输入程序指令、参数和监控机床的运行状态。

（1）系统主机面板区域划分。

数控车床的系统主机面板区域划分如图 I103-1 所示。

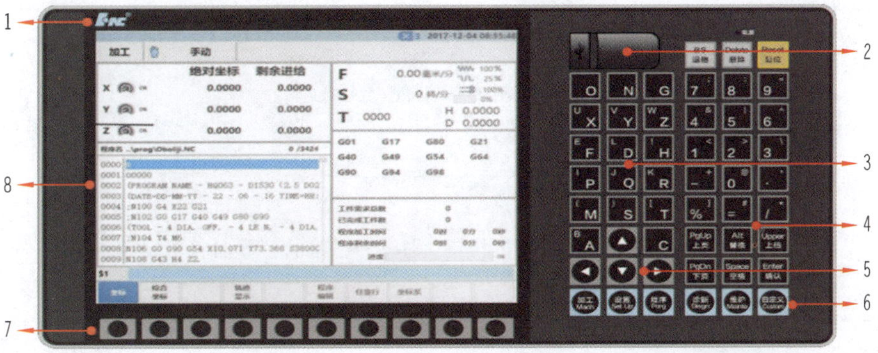

图 I103-1　系统主机面板

1—LOGO；2—USB 接口；3—字母键盘区；4—数字及字符按键区；
5—光标按键区；6—功能按键区；7—软键区；8—屏幕显示界面区

（2）系统主机面板各按键及功能。

系统主机面板各按键及功能如表 I103-1 所示。

2. 机床操作面板（MCP 面板）

数控机床操作面板是数控机床的重要组成部件，是操作人员与数控机床（系统）进行交互的工具。它主要由显示装置、NC 键盘、MCP、状态灯、手持单元等部分组成。

表 1103-1　系统主机面板各按键及功能

序号	按键	功能
1		输入字母、数字和符号。每个键有上下两档，当按下“上档键”的同时，再按下“字符键”，输入上面的字符，否则输入下面的字符。
2	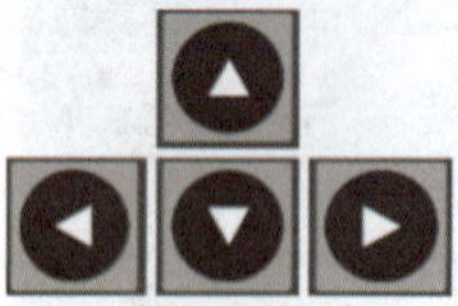	控制光标左右、上下移动。
3	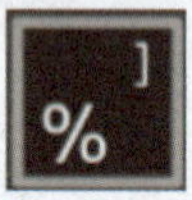	其下档键为主、子程序的程序名符号。
4		向前删除字符等。
5		删除当前程序、字符。
6		CNC 复位，进给、输入停止。

续表

序号	按键	功能
7		当使用[Alt]+[光标]时，可切换屏幕界面右上角的显示框(位置、补偿、电流等)内容；当使用[Alt]+[P]时，可实现截图操作。
8		使用双地址按键时，其具有切换上、下档按键的功能。同时按下上档键和双地址键时，上档键有效。
9		向后空一格。
10		输入打开及确认输入。
11		在同一显示界面中，进行上下页面的切换。
12		加工：选择自动加工操作所需的功能集，以及对应界面。 设置：选择刀具设置相关的操作功能集，以及对应界面。 程序：选择用户程序管理功能集，以及对应界面。 诊断：选择故障诊断、性能调试、智能化功能集，以及对应界面。 维护：选择硬件设置、参数设置、系统升级、基本信息、数据管理等维护相关功能，以及对应界面。 自定义(MDI)：选择手动数据输入操作的相关功能，以及对应界面。
13	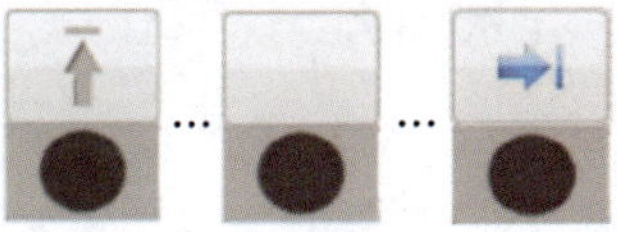	HNC-808Di-TU 显示屏幕下方的 10 个无标识按键即为软键。在不同功能集或层级下，其功能对应为屏幕上方显示的功能。软键的主要功能如下。 (1) 在当前功能集中进行子界面切换。 (2) 在当前功能集中实现对应的操作输入，如编辑、修改、输入数据等。 10 个软键中，最左端按键为返回上级菜单键，箭头为蓝色时有效，功能集一级菜单下箭头为灰色。 10 个软键中，最右端按键为继续菜单键，箭头为蓝色时有效。当按下该键，在同一级菜单下界面循环切换(本系统中同一级菜单最多为 2 页)。

（1）操作面板区域划分。

机床操作面板区域划分如图 I103-2 所示。

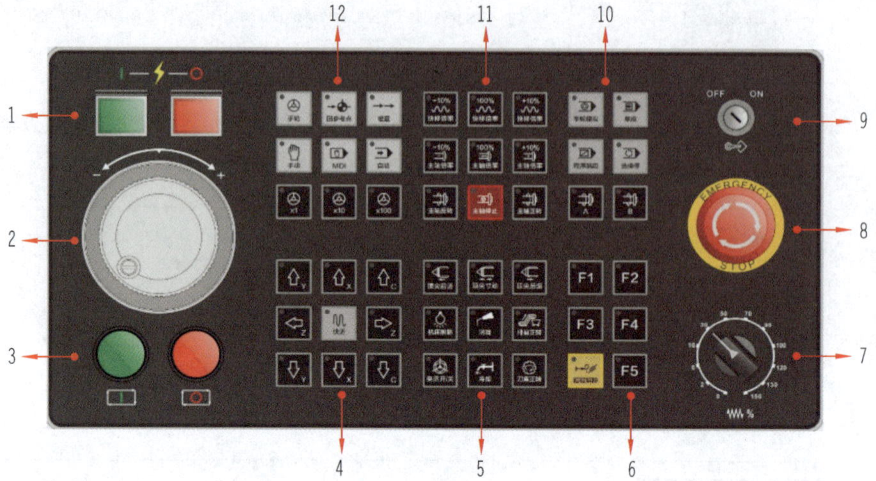

图 I103-2　机床操作面板

1—电源通断开关；2—手摇脉冲发生器；3—循环启动/进给保持；4—进给轴移动控制按键区；5—机床控制按键区；6—机床控制扩展按键区；7—进给速度修调波段开关；8—急停按键；9—编辑锁开/关；10—运行控制按键区；11—速度倍率控制按键区；12—工作方式选择按键区

（2）操作面板各按键及功能。

操作面板各按键及功能如表 I103-2 所示。

表 I103-2　机床操作面板各按键及功能

序号	按键	功能
1		选择手轮工作方式。
2		选择回零（回参考点）工作方式。
3	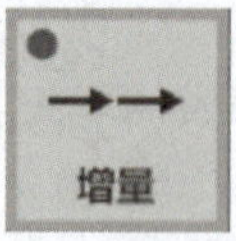	选择增量工作方式。

续表

序号	按键	功能
4		选择手动工作方式。
5		选择 MDI 工作方式。
6		选择自动工作方式。
7		(1) 逐段运行或连续运行程序的切换。 (2) 单段有效时,指示灯亮。
8		(1) 手轮模拟功能是否开启的切换。 (2) 该功能开启时,可通过手轮控制刀具按程序轨迹运行。正向摇手轮时,继续运行后面的程序;反向摇手轮时,反向回退已运行的程序。
9		程序段首标有“/”符号时,该程序段是否跳过的切换。
10		(1) 程序运行到“M00”指令时,是否停止的切换。 (2) 若程序运行前已按下该键(指示灯亮),当程序运行到“M00”指令时,则进给保持,再按循环启动键才可继续运行后面的程序;若没有按下该键,则连贯运行该程序。
11		(1) 取消机床限位。 (2) 按住该键可解除报警,并可运行机床。
12		程序、MDI 指令运行启动。

续表

序号	按键	功能
13		程序、MDI 指令运行暂停。
14		手轮每转 1 格或“手动控制轴进给键”每按 1 次，则机床移动距离对应为 0.001 mm、0.01 mm、0.1 mm。
15		快移速度的修调。
16		主轴速度的修调。
17		主轴正转、反转、停止运行控制。
18	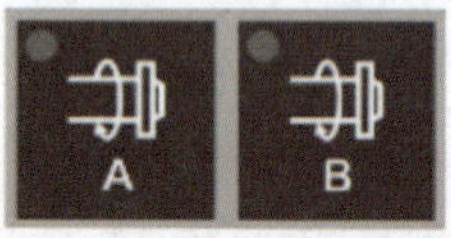	(1) 动力头正、反转控制。 (2) 按下该键，切换动力头旋转/停。
19	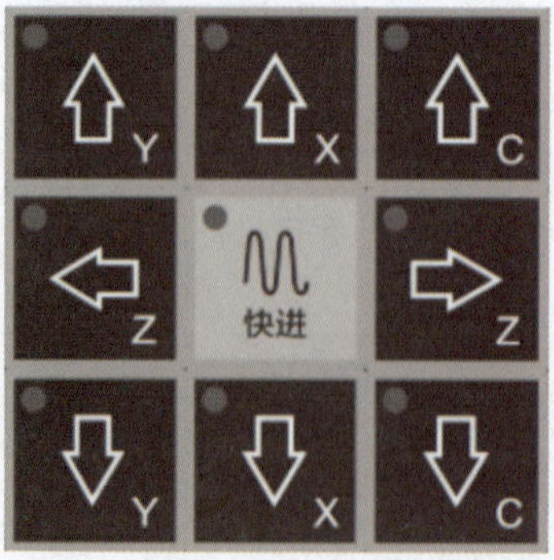	(1) 手动或增量工作方式下，控制各轴的移动及方向。 (2) 手轮工作方式时，选择手轮控制轴。 (3) 手动工作方式下，分别按下各轴时，该轴按工进速度运行，当同时按下“快移”键时，该轴按快移速度运行。

续表

序号	按键	功能
20	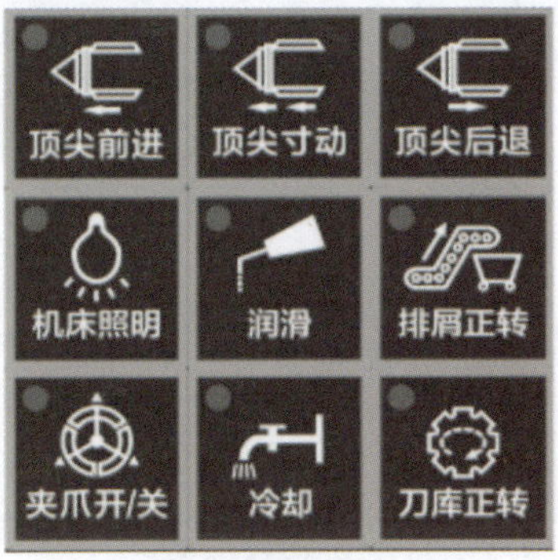	手动控制机床的顶尖移动，机床照明，润滑、排屑、夹爪、冷却、刀库正转等辅助动作
21	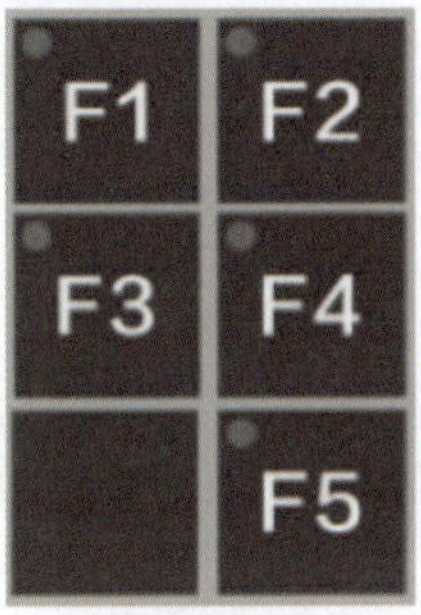	手动控制机床的其他辅助动作。
22		保护程序不被随意修改。
23		紧急情况下，使系统和机床立即进入停止状态，所有输出全部关闭。
24	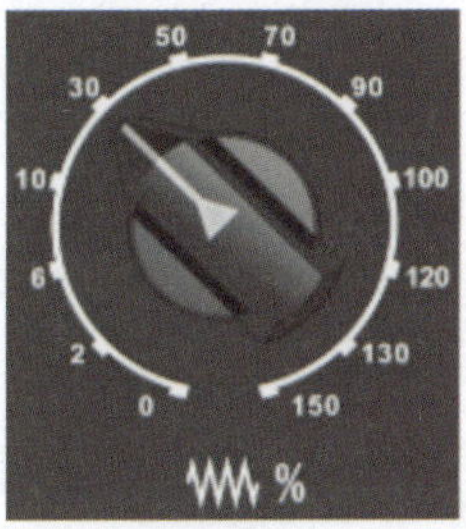	进给速度修调。

续表

序号	按键	功能
25		控制机床运动。当手轮模拟功能有效时，其还可以控制机床按程序轨迹运行。
26		控制数控装置上电。
27	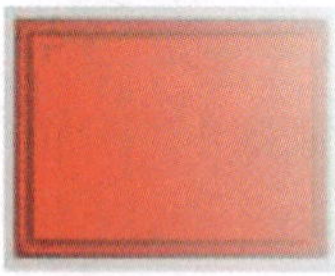	控制数控装置断电。

链接知识 I104 数控车床的手动操作

1. 开机操作步骤

数控车床开机操作步骤如图 I104-1 所示。

2. 手动换刀

数控车床手动换刀步骤如图 I104-2 所示。

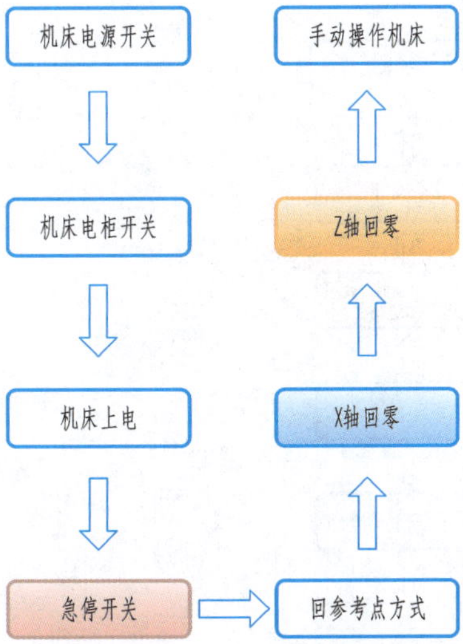

图 I104-1 开机操作步骤

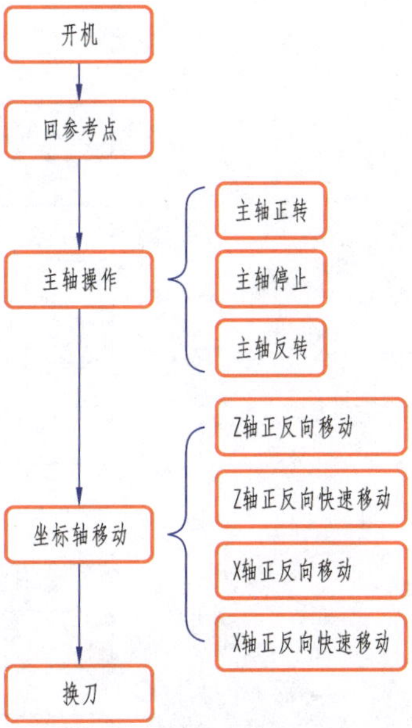

图 I104-2 手动换刀步骤

链接知识 I105 数控车床对刀和坐标系的设置

1. 对刀操作步骤

数控车床的对刀操作是加工前的必要步骤，它涉及刀具和工件的定位及加工原点的确定。对刀的目的是确定对刀点(或工件原点)在机床坐标系中的绝对坐标值，同时测量刀具的刀位偏差值。对刀点找正的准确度直接影响加工精度。数控车床对刀的步骤如图 I105-1 所示。

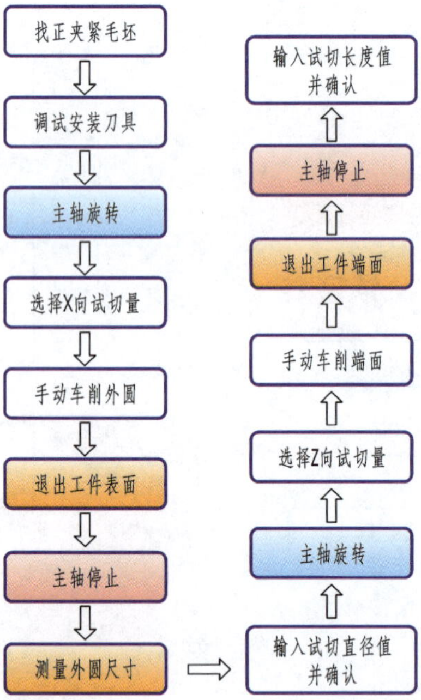

图 I105-1 对刀的步骤

2. 数控车床坐标系的设置

ISO 标准和我国标准都统一规定采用右手笛卡儿坐标系。在车床坐标系中，车床主轴纵向方向是 Z 轴，平行于横向运动方向为 X 轴，如图 I105-2 所示。车刀远离工件的方向为正方向，车刀接近工件的方向为负方向。

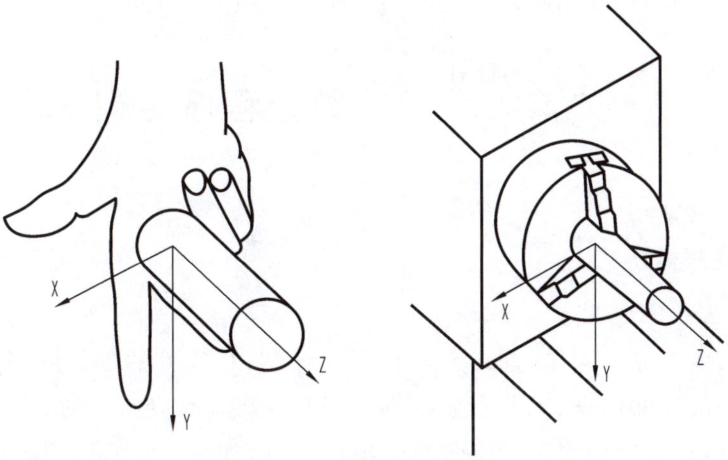

图 I105-2　数控车床坐标系

链接知识 I301　数控程序结构

1. 数控编程概述

（1）数控编程的概念。

在数控机床上加工零件，首先要进行程序编制，将零件的加工顺序、工件与刀具相对运动轨迹的尺寸数据、工艺参数（主运动和进给运动速度、切削深度等）及辅助操作等加工信息，用规定的文字、数字、符号组成代码，并按一定的格式将其编写成加工程序单，并将程序单的信息通过控制介质输入数控装置，由数控装置控制机床进行自动加工。从零件图纸到编制零件加工程序和制作控制介质的全部过程称为数控程序编制。

（2）数控编程的方法。

① 手工编程。

手工编程时，整个程序的编制过程由人工完成。这就要求编程人员不仅要熟悉数控代码及编程规则，而且还必须具备机械加工工艺知识和一定的数值计算能力。手工编程对简单零件通常是可以胜任的，但对于一些形状复杂的零件或空间曲面零件，编程工作量十分巨大，计算烦琐，花费时间长，而且非常容易出错。不过，根据目前生产实际情况，手工编程在相当长的时间内还会是一种行之有效的编程方法。手工编程具有很强的技巧性，并有其自身特点和一些应该注意的问题，将在后续内容中予以阐述。

② 自动编程。

自动编程是指编程人员只需根据零件图样的要求，按照某个自动编程系统的规定，编写一个零件源程序，输入编程计算机，再由计算机自动进行程序编制，并打印程序清单和制备控制介质。自动编程既可以减轻工作人员劳动强度，缩短编程时间，又可减少差错，使编程工作简便。

综上所述，对于几何形状不太复杂的零件和点位加工，所需的加工程序不多，计算也较简单，出错的概率较小，这时用手工编程还是经济省时的，因此，至今仍广泛地应用手工编程方法来编制这类零件的加工程序。但是对于复杂曲面零件，或几何元素并不复杂但程序量很大的零件（如一个零件上有数千个孔），以及需要铣削轮廓时，数控装置不具备刀具半径自动偏移功能，而只能按刀具中心轨迹进行编程等情况，由于计算相当烦琐及程声量大，手工编程很难胜任，即使能够编出来，也耗时长，效率低，易出错。据国外统计，用手工编程时，一个零件的编程时间与在机床上实际加工时间之比，平均约为 30∶1。数控机床不能开动的原因中有 20%～30%是由于加工程序不能及时编制出来而造成的，因此，必须要求编程自动化。

(3) 数控编程的步骤。

数控编程的一般步骤如图 I301-1 所示。

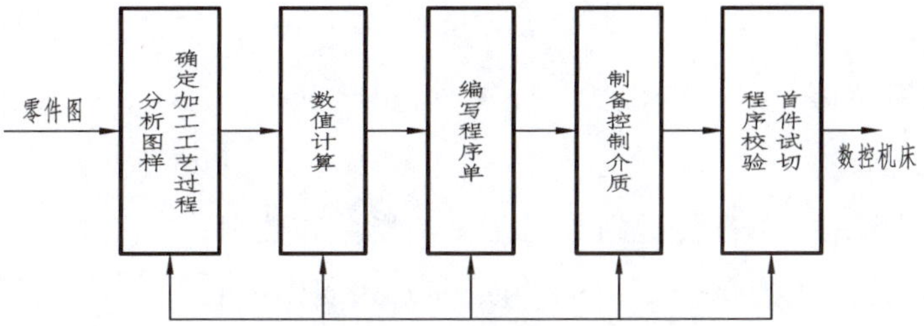

图 I301-1　数控编程的步骤

① 分析图样、确定加工工艺过程。

在确定加工工艺过程时，编程人员要根据图样对工件的形状、尺寸、技术要求进行分析，然后选择加工方案，并确定加工顺序、加工路线、装卡方式、刀具及切削参数，同时还要考虑所用数控机床的指令功能，充分发挥机床的效能，加工路线要短，要正确选择对刀点、换刀点，减少换刀次数。

② 数值计算。

根据零件图的几何尺寸、确定的工艺路线及设定的坐标系，计算零件粗、精加工各运动轨迹，得到刀位数据。对于形状比较简单的零件（如直线和圆弧组成的零件）的轮廓加工，需要计算出几何元素的起点与终点、圆弧的圆心、两几何元素的交点或切点的坐标值，有的还要计算刀具中心的运动轨迹坐标值。对于形状比较复杂的零件（如非圆曲线、曲面组成的零件），需要用直线段或圆弧段逼近，根据要求的精度计算出其节点坐标值，这种情况下，一般要用计算机来完成数值计算工作。

③ 编写程序单。

加工路线、工艺参数及刀位数据确定以后，编程人员可以根据数控系统规定的功能指令代码及程序段格式，逐段编写加工程序单。此外，还应填写有关的工艺文件，如数控加工工序卡片、数控刀具卡片、数控刀具明细表、工件安装和零点设定卡片、数控加工程序单等。

④ 制备控制介质。

制备控制介质就是把编制好的程序单上的内容记录在控制介质（穿孔带、磁带、磁盘等）上作为数控装置的输入信息。目前，随着计算机网络技术的发展，可直接由计算机通过网络与机床数控系统通信。

⑤ 程序校验、首件试切。

程序单和制备好的控制介质必须经过校验和试切才能正式使用。校验的方法是直接将控制介质上的内容输入到数控装置中，让机床空运转，以检查机床的运动轨迹是否正确。还可以在数控机床的显示器上用模拟刀具与工件切削过程的方法进行检验，但这些方法只能检验出运动是否正确，不能查出被加工零件的加工精度。因此有必要进行零件的首件试切。当发现有加工误差时，应分析误差产生的原因，找出问题所在，加以修正。

2. 数控程序结构

(1) 程序的结构。

一个零件程序是一组被传送到数控装置的指令和数据。

一个零件程序是由遵循一定结构、句法和格式规则的若干个程序段组成的，而每个程序段是由若干个指令字组成的，如图 I301-2 所示。

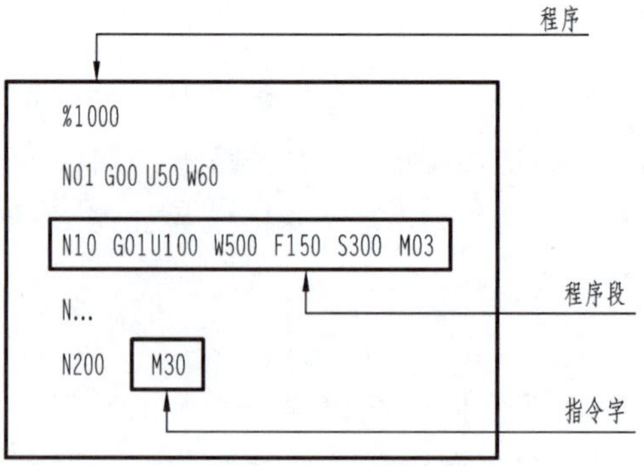

图 I301-2 程序的结构

(2) 指令字。

一个指令字是由地址符(指令字符)和带符号(如定义尺寸的字)或不带符号(如准备功能字 G 代码)的数字数据组成的。

程序段中不同的指令字符及其后续数值确定了每个指令字的含义。数控程序段中包含的主要指令字符如表 I301-1 所示。

表 I301-1 指令字符一览表

功能	地址符	意义
零件程序号	%	程序编号：%1～4294967295
程序段号	N	程序段编号：N0～4294967295
准备机能	G	指令动作方式(直线、圆弧等) G00-99

续表

功能	地址符	意义
尺寸字	X,Y,Z A,B,C U,V,W	坐标轴的移动命令±99999.999
	R	圆弧的半径,固定循环的参数
	I,J,K	圆心相对于起点的坐标,固定循环的参数
进给速度	F	进给速度的指定 F0～24000
主轴机能	S	主轴旋转速度的指定 S0～9999
刀具机能	T	刀具编号的指定 T0～99
辅助机能	M	机床侧开/关控制的指定 M0～99
补偿号	D	刀具半径补偿号的指定 00～99
暂停	P,X	暂停时间的指定(秒)
程序号的指定	P	子程序号的指定 P1～4294967295
重复次数	L	子程序的重复次数,固定循环的重复次数
参数	P, Q, R, U, W, I, K,C,A	车削复合循环参数
倒角控制	C,R	倒角控制

(3) 程序段。

一个程序段定义一个将由数控装置执行的指令行。程序段的格式定义了每个程序段中功能字的句法,如图 I301-3 所示。

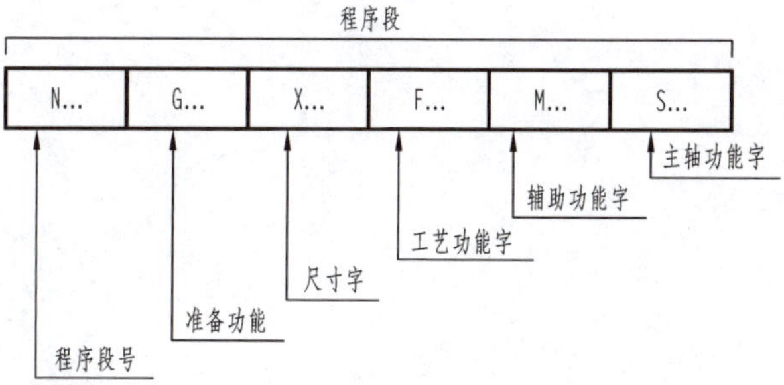

图 I301-3　程序段格式

(4) 程序的一般结构。

一个零件程序必须包括起始符和结束符。

一个零件程序是按程序段的输入顺序执行的,而不是按程序段号的顺序执行的,但书写程序时，建议按升序书写程序段号。

程序结构特点如下。

① 程序起始符：%（或 O）符，%（或 O）后跟程序号。

② 程序结束：M02 或 M30。

③ 说明符：括号“（ ）”内或分号“；”后的内容为说明文字。

（5）程序文件名。

CNC 装置可以装入许多程序文件，以磁盘文件的方式读写。文件名格式为（有别于 DOS 的其他文件名）：

O××××（地址 O 后面必须有四位数字或字母）

本系统通过调用文件名来调用程序，以进行程序加工或编辑。

链接知识 I302 辅助功能 M 指令

1. 辅助功能 M 指令概述

辅助功能由地址字 M 和其后的一位或两位数字组成，主要用于控制零件程序的走向，以及机床各种辅助功能的开关动作。

M 功能有非模态 M 功能和模态 M 功能两种形式。

非模态 M 功能（当段有效代码）：只在书写了该代码的程序段中有效。

模态 M 功能（续效代码）：一组可相互注销的 M 功能，这些功能在被同一组的另一个功能注销前一直有效。

模态 M 功能组中包含一个缺省功能（见表 I302-1，用“※”标记），系统上电时该功能被初始化。

另外，M 功能还可分为前作用 M 功能和后作用 M 功能两类。

前作用 M 功能：在程序段编制的轴运动之前执行。

后作用 M 功能：在程序段编制的轴运动之后执行。

数控 M 指令功能如表 I302-1 所示（标记※者为缺省值）。

表 I302-1　M 代码及功能

代码	模态	功能说明	代码	模态	功能说明
M00	非模态	程序停止	M03	模态	主轴正转启动
M02	非模态	程序结束	M04	模态	主轴反转启动
M30	非模态	程序结束并返回程序起点	M05	模态	※主轴停止转动
			M06	非模态	换刀
M98	非模态	调用子程序	M07	模态	切削液打开
M99	非模态	子程序结束	M09	模态	※切削液停止

注意：① 标记※者为缺省值。② M00、M02、M30、M98、M99 用于控制零件程序的走向，是 CNC 内定的辅助功能，不由机床制造商设计决定，也就是说，与 PLC 程序无关。③ 其余 M 代码用于机床各种辅助功能的开关动作，其功能不由 CNC 内定，而由 PLC 程序指定，所以有可能因机床制造厂不同而有差异（表内为标准 PLC 指定的功能），请使用者参考机床说明书。

2. CNC 内定的辅助功能

(1) 程序暂停 M00。

当 CNC 执行到 M00 指令时，将暂停执行当前程序，以方便操作者进行刀具和工件的尺寸测量、工件调头、手动变速等操作。暂停时，机床的进给停止，而全部现存的模态信息保持不变，欲继续执行后续程序，重按操作面板上的“循环启动”键。M00 为非模态后作用 M 功能。

(2) 程序结束 M02。

M02 一般放在主程序的最后一个程序段中。当 CNC 执行到 M02 指令时，机床的主轴、进给、冷却液全部停止，加工结束。使用 M02 的程序结束后，若要重新执行该程序，就要重新调用该程序。M02 为非模态后作用 M 功能。

(3) 程序结束并返回到零件程序头 M30。

M30 和 M02 的功能基本相同，只是 M30 指令还兼有控制返回到零件程序头(%)的作用。使用 M30 的程序结束后，若要重新执行该程序，只需要再次按操作面板上的“循环启动”键。

3. PLC 设定的辅助功能

(1) 主轴控制指令 M03、M04、M05。

M03 启动主轴以程序中编制的主轴速度顺时针方向(从 Z 轴正向朝 Z 轴负向看)旋转。

M04 启动主轴以程序中编制的主轴速度逆时针方向旋转。

M05 使主轴停止旋转。

M03、M04 为模态前作用 M 功能；M05 为模态后作用 M 功能，M05 为缺省功能。

M03、M04、M05 可相互注销。

(2) 冷却液打开、关闭指令 M07、M09。

M07 指令将打开冷却液管道。

M09 指令将关闭冷却液管道。

M07 为模态前作用 M 功能；M09 为模态后作用 M 功能，M09 为缺省功能。

链接知识 I303 主轴功能 S、进给功能 F 和刀具功能 T

1. 主轴功能 S 代码

主轴功能 S 控制主轴转速，其后的数值表示主轴速度，单位为转/分钟(r/min)。

恒线速度功能下，S 指定切削线速度，其后的数值单位为米/分钟(m/min)(G96 恒线速度有效、G97 取消恒线速度)。

S 是模态指令，S 功能只有在主轴速度可调节时有效。

S 所编程的主轴转速可以借助机床控制面板上的主轴倍率开关进行修调。

2. 进给功能 F 代码

F 指令表示工件被加工时刀具相对于工件的合成进给速度，F 的单位取决于 G94(每分钟进给量，mm/min)或 G95(主轴每转一转刀具的进给量，mm/r)。

使用下式可以实现每转进给量与每分钟进给量的转化：

$$f_m = f_r \times S$$

式中，f_m 为每分钟的进给量(mm/min)；f_r 为每转进给量(mm/r)；S 为主轴转速(r/min)。

工作在 G01、G02 或 G03 方式下时，编程的 F 一直有效，直到被新的 F 值所取代。而工作在 G00 方式下时，快速定位的速度是各轴的最高速度，与所编 F 无关。

借助机床控制面板上的倍率按键，F 可在一定范围内进行倍率修调。当执行攻丝循环 G76、G82，螺纹切削 G32 时，倍率开关失效，进给倍率固定在 100%。

注意：① 当使用每转进给量方式时，必须在主轴上安装一个位置编码器。② 直径编程时，X 轴方向的进给速度的单位为半径的变化量/分、半径的变化量/转。

3. 刀具功能 T 代码

T 代码用于选刀，其后的 4 位数字分别表示选择的刀具号和刀具补偿号。T 代码与刀具的关系是由机床制造厂规定的，请参考机床厂家的说明书。

执行 T 指令，转动转塔刀架，选用指定的刀具。

当一个程序段同时包含 T 代码与刀具移动指令时，先执行 T 代码指令，而后执行刀具移动指令。

T 指令同时调入刀补寄存器中的补偿值。

链接知识 I304 准备功能 G 代码

准备功能 G 指令由 G 后一或二位数值组成，它用来规定刀具和工件的相对运动轨迹、机床坐标系、坐标平面、刀具补偿、坐标偏置等多种加工操作。

G 功能根据功能的不同分成若干组，其中 00 组的 G 功能称为非模态 G 功能，其余组的称为模态 G 功能。

非模态 G 功能：只在所规定的程序段中有效，程序段结束时被注销。

模态 G 功能：一组可相互注销的 G 功能，这些功能一旦被执行，则一直有效，直到被同一组的 G 功能注销为止。

模态 G 功能组中包含一个缺省 G 功能，上电时将被初始化为该功能。

没有共同地址符的不同组 G 代码可以放在同一程序段中，而且与顺序无关。例如，G90、G17 可与 G01 放在同一程序段。

1. 有关单位设定的 G 功能

(1) 尺寸单位选择 G20，G21。

格式：G20、G21。

说明：G20——英制输入制式；G21——公制输入制式。

两种制式下线性轴、旋转轴的尺寸单位如表 I304-1 所示。

表 I304-1　尺寸输入制式及其单位

制式	线性轴	旋转轴
英制(G20)	英寸	度
公制(G21)	毫米	度

G20、G21 为模态功能，可相互注销，G21 为缺省值。

(2) 进给速度单位的设定 G94，G95。

格式：G94 [F_]、G95 [F_]。

说明：G94——每分钟进给；G95——每转进给。

G94 为每分钟进给，对于线性轴，F 的单位依 G20/G21 的设定而为 mm/min 或 in/min；对于旋转轴，F 的单位为度/min。

G95 为每转进给，即主轴转一周时刀具的进给量。F 的单位依 G20/G21 的设定而为 mm/r 或 in/r。这个功能只在主轴装有编码器时才能使用。

G94、G95 为模态功能，可相互注销，G94 为缺省值。

2. 有关坐标系和坐标的 G 功能

(1) 绝对值编程 G90 与相对值编程 G91。

格式：G90、G91。

说明：G90——绝对值编程(绝对编程)，每个编程坐标轴上的编程值是相对于程序原点的；G91——相对值编程(相对编程)，每个编程坐标轴上的编程值是相对于前一位置而言的，该值等于沿轴移动的距离。

绝对编程时，用 G90 指令后面的 X、Z 表示 X 轴、Z 轴的坐标值。

增量编程时，用 U、W 或 G91 指令后面的 X、Z 表示 X 轴、Z 轴的增量值。其中，表示增量的字符 U、W 不能用于循环指令 G80、G81、G82、G71、G72、G73、G76 程序段中，但可用于定义精加工轮廓的程序中。

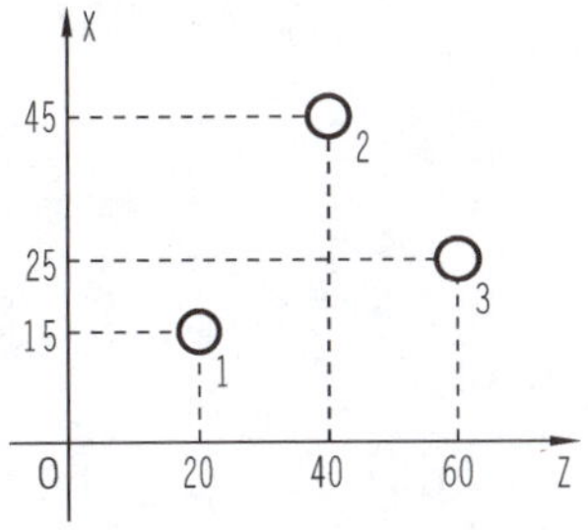

图 I304-1 G90/G91 编程

G90、G91 为模态功能，可相互注销，G90 为缺省值。

【例 1】 如图 I304-1 所示，使用 G90、G91 编程，要求刀具由原点按顺序移动到 1、2、3 点，然后回到原点。

用 G90、G91 编制的程序如表 I304-2 所示。

表 I304-2 用 G90、G91 编制的程序

G90 编程	G91 编程	混合编程	说明
%3202	%3203	%3204	程序号
N1 G54 G90	N1 G54 G90	N1 G54 G90	调用 G54 坐标系
N2 M03 S700	N2 M03 S700	N2 M03 S700	主轴正转
N3 G00 X0 Z0	N3 G00 X0 Z0	N3 G00 X0 Z0	快速定位到原点
N4 G01 X15 Z20 F100	N4 G01 X15 Z20 F100 G91	N4 G01 X15 Z20 F100	直线移动到 1 点
N5 X45 Z40	N5 X30 Z20	N5 U30 Z40	直线移动到 2 点
N6 X25 Z60	N6 X-20 Z20	N6 X25 W20	直线移动到 3 点
N7 X15 Z20	N7 X-25 Z-60	N7 X15 Z20	直线移回到 1 点
N8 M30	N8 M30	N8 M30	程序结束并返回

选择合适的编程方式可使编程简化。当图纸尺寸由一个固定基准给定时，采用绝对方式编程较为方便；而当图纸尺寸是以轮廓顶点之间的间距给出时，采用相对方式编程较为方便。

G90、G91 可用于同一程序段中，但要注意其顺序所造成的差异。

(2) 坐标系选择 G54～G59。

格式：G54、G55、G56、G57、G58、G59。

说明：G54～G59 是系统预定的 6 个坐标系（如图 I304-2 所示），可根据需要任意选用。

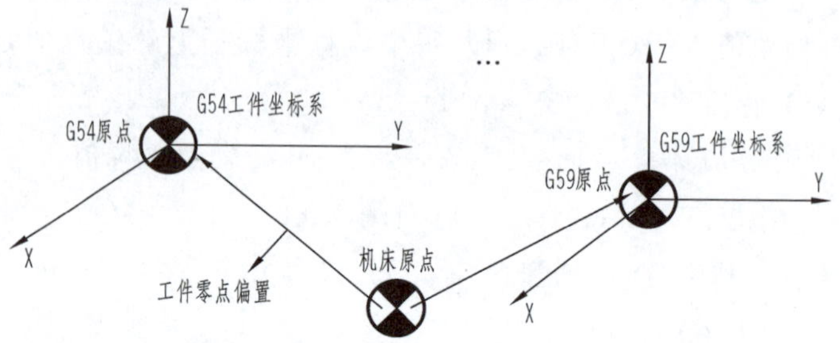

图 I304-2　工件坐标系选择(G54～G59)

加工时，其坐标系的原点必须设为工件坐标系的原点在机床坐标系中的坐标值，否则加工出的产品就有误差或要报废，甚至会出现危险。

这 6 个预定工件坐标系的原点在机床坐标系中的值（工件零点偏置值）可用 MDI 方式输入，系统自动记忆。

工件坐标系一旦选定，后续程序段中绝对值编程时的指令值均为相对此工件坐标系原点的值。

G54～G59 为模态功能，可相互注销，G54 为缺省值。

【例 2】　如图 I304-3 所示，使用工件坐标系编程，要求刀具从当前点移动到 A 点，再从 A 点移动到 B 点。

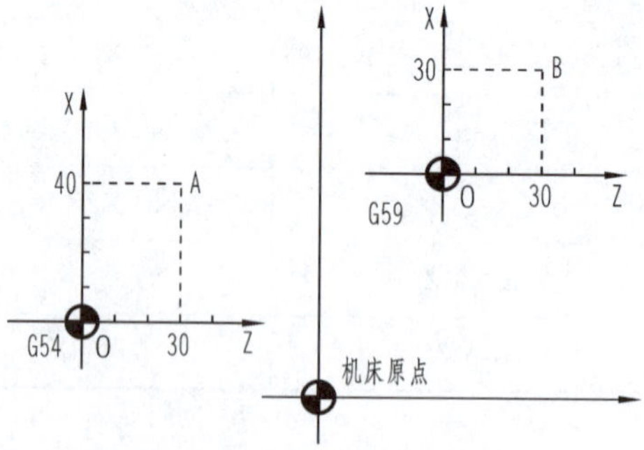

图 I304-3　使用工件坐标系编程

用工件坐标系编制的程序如表 I304-3 所示。

表 I304-3　用工件坐标系编制的程序

G90 编程	说明
%3205	程序号
N1 G54 G90 G00 X40 Z30	调用 G54 坐标系，快速定位到 A 点
N2 G59	调用 G59 坐标系
N3 G00 X30 Z30	快速定位到 B 点
N4 M30	程序结束并返回

注意：① 使用该组指令前，先用 MDI 方式输入各坐标系的坐标原点在机床坐标系中的坐标值。② 使用该组指令前，必须先回参考点。

（3）直接机床坐标系编程 G53。

G53 是机床坐标系编程，在含有 G53 的程序段中，绝对值编程时的指令值是在机床坐标系中的坐标值，其为非模态指令。

3. 直径方式和半径方式编程

格式：G36、G37。

说明：G36——直径编程；G37——半径编程。

数控车床的工件外形通常是旋转体，其 X 轴尺寸可以用两种方式加以指定：直径方式和半径方式。G36 为缺省值，机床出厂一般设为直径编程。

对于本书中例题，未经说明均为直径编程。

【例 3】 按 A→B→C 的轨迹分别用直径编程、半径编程加工如图 I304-4 所示的

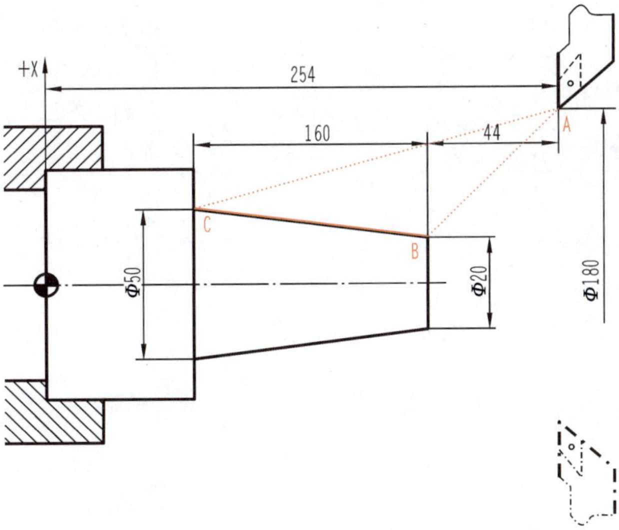

图 I304-4　直径编程/半径编程

工件。

用直径编程/半径编程的程序如表 I304-4 所示。

表 I304-4　用直径编程/半径编程的程序

直径编程	说明	半径编程	说明
%3206	程序号	%3207	程序号
N1 T0101 G90 G94	调用 01 号刀具及 01 号刀具补偿，设定绝对值编程、分进给方式	N1 T0101 G90 G94	调用 01 号刀具及 01 号刀具补偿，设定绝对值编程、分进给方式
N2 G36 G00 X180 Z254	设定直径编程，快速定位到 A 点	N2 G37 G00 X90 Z254	设定半径编程，快速定位到 A 点
N3 G01 X20 W-44 F100	直线移动到 B 点	N3 G01 X10 W-44 F100	直线移动到 B 点
N4 U30 Z204	直线移动到 C 点	N4 U15 Z204	直线移动到 C 点
N5 G00 X180 Z254	快速返回到 A 点	N5 G00 X90 Z254	快速返回到 A 点
N6 M30	程序结束并返回	N6 M30	程序结束并返回

注意：① 使用直径编程、半径编程时，系统参数设置要与之对应。② 直径编程注意事项如表 I304-5 所示。

表 I304-5　直径编程注意事项

项目	注意事项
Z 轴指令	与直径、半径无关
X 轴指令	用直径值指令
坐标系的设定	用直径值指令
圆弧插补的半径指令(R、I、K)	用半径值指令
X 轴方向的进给速度	半径的变化/转 半径的变化/分
X 轴的位置显示	用直径值显示

4. G 代码一览表

准备功能 G 代码如表 I304-6 所示。

表 I304-6　准备功能 G 代码一览表

G 代码	功能	参数(后续地址字)	组
G00	快速定位	X、Z	01
【G01】	※直线插补	X、Z	
G02	顺圆插补	X、Z、I、K、R	
G03	逆圆插补	X、Z、I、K、R	

续表

G 代码	功能	参数(后续地址字)	组
G04	暂停	P	00
G20	英寸输入		08
【G21】	※毫米输入		
G28	返回到参考点	X、Z	00
G29	由参考点返回	X、Z	
G32	螺纹切削	X、Z、R、E、P、F	01
【G36】	※直径编程		17
G37	半径编程		
【G40】	※刀尖半径补偿取消		09
G41	左刀补		
G42	右刀补		
G53	直接机床坐标系编程		00
【G54】	※坐标系选择		11
G55	坐标系选择		
G56	坐标系选择		
G57	坐标系选择		
G58	坐标系选择		
G59	坐标系选择		
G71	外径/内径车削复合循环	X、Z、U、R、P、Q	06
G72	端面车削复合循环	X、Z、W、R、P、Q	
G73	闭环车削复合循环	X、Z、R、U、W、P、Q	
G76	螺纹切削复合循环	X、Z、C、A、R、E、K、I、U、V、Q、P、F	
G80	内/外径车削固定循环	X、Z、I	
G81	端面车削固定循环	X、Z、K	
G82	螺纹切削固定循环	X、Z、I、R、E、C、P、F	
【G90】	※绝对值编程		13
G91	增量值编程		
G92	工件坐标系设定	X、Z	00
【G94】	※每分钟进给		14
G95	每转进给		

续表

G代码	功能	参数(后续地址字)	组
G96	恒线速度有效	S	19
【G97】	※取消恒线速度		

注意:① 00组中的G代码是非模态的,其他组的G代码是模态的。② 标记“【】”或“※”者为缺省值。

链接知识 I601 快速定位指令 G00

在数控车床编程中，快速定位指令 G00 是常用的指令之一，它可以控制刀具进行快速移动，从而实现高效加工。接下来将详细介绍 G00 指令的格式、用法、参数设置及注意事项。

快速定位指令 G00 的格式及说明如表 I601-1 所示。

表 I601-1 快速定位指令 G00 的格式及说明

指令	G00
格式	G00X(U)__Z(W)__
说明	该指令用于将刀具快速移动到指定位置，如参考图所示。
参考图	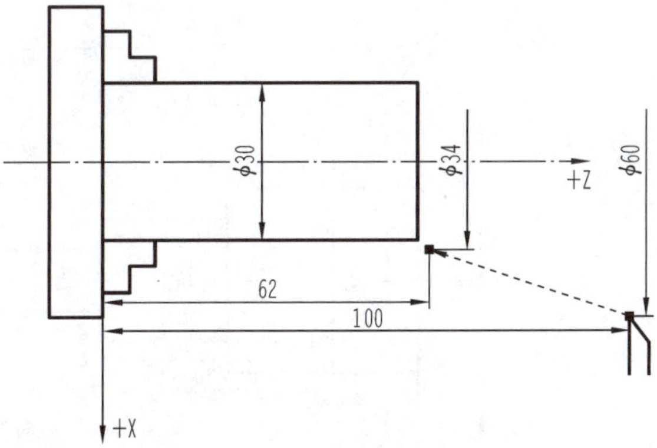
参数 X、Z	为绝对编程时，快速定位终点在工件坐标系中的坐标
参数 U、W	为增量编程时，快速定位终点相对于起点的位移量
注意事项	(1) G00 指令用于让刀具相对于工件以各轴预先设定的速度，从当前位置快速移动到程序段指令的定位目标点。 (2) G00 指令中的快移速度由机床参数“快移进给速度”对各轴分别设定，不能用 F 规定。 (3) G00 一般用于加工前快速定位或加工后快速退刀。快移速度可由面板上的快速修调按钮修正。 (4) 在执行 G00 指令时，由于各轴以各自速度移动，不能保证各轴同时到达终点，因而联动直线轴的合成轨迹不一定是直线。操作者必须格外小心，以免刀具与工件发生碰撞。常见的做法是，将 X 轴移动到安全位置，再放心地执行 G00 指令。

链接知识 I602 直线插补指令 G01

直线插补指令 G01 可以控制刀具在工件上沿直线或斜线进行移动，从而实现精确加工。接下来将详细介绍 G01 指令的格式、用法、参数设置及注意事项。

（1）直线插补指令 G01 的格式及说明如表 I602-1 所示。

表 I602-1　直线插补指令 G01 的格式及说明

指令	G01
格式	G01X(U)__Z(W)__ F__
说明	直线插补是指刀具从当前位置按线性路线（联动直线轴的合成轨迹为直线）移动到程序段指令的终点，如参考图所示。
参考图	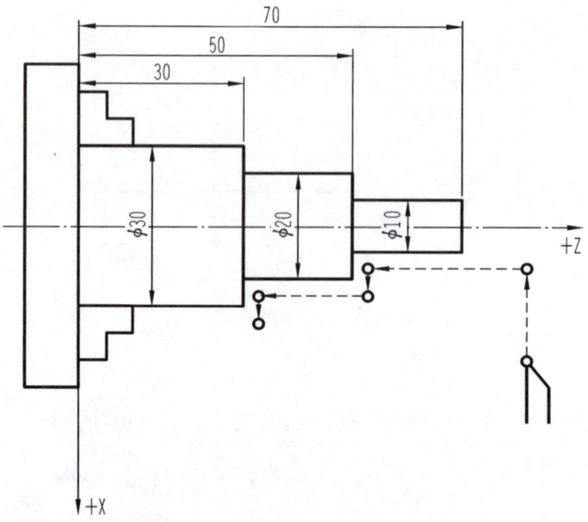
参数 X、Z	为绝对编程时终点在工件坐标系中的坐标
参数 U、W	为增量编程时终点相对于起点的位移量
注意事项	（1）G01 指令用于让刀具以联动的方式，按 F 规定的合成进给速度，从当前位置按线性路线（联动直线轴的合成轨迹为直线）移动到程序段指令的终点。 （2）G01 一般用于工进或切削。进给速度可由面板上的进给修调按钮修正。

（2）直线倒角指令 G01 的格式及说明如表 I602-2 所示。

表 I602-2　直线倒角指令 G01 的格式及说明

指令	G01
格式	G01_X(U)_Z(W)_$\begin{Bmatrix}C_\\R_\end{Bmatrix}$F_
说明	该指令用于直线后倒直角、直线后倒圆角，如参考图所示。
参考图	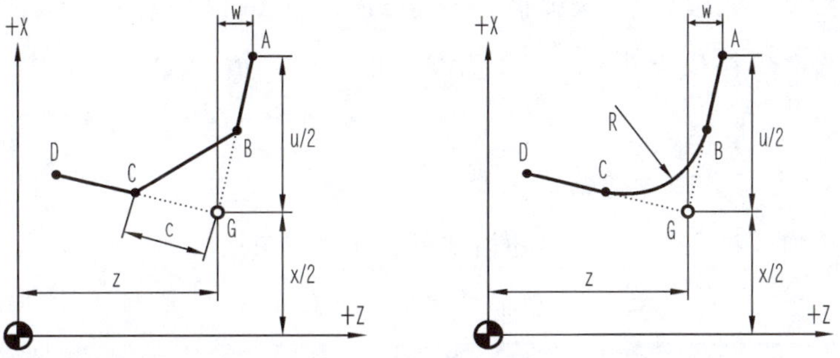
参数 X、Z	绝对编程时，为未倒角前两相邻程序段轨迹的交点 G 的坐标值
参数 U、W	增量编程时，为 G 点相对于起始直线轨迹的始点 A 的移动距离
参数 C	倒角终点 C 相对于相邻两直线的交点 G 的距离
参数 R	倒角圆弧的半径值
注意事项	(1) 在螺纹切削程序段中不得出现倒角控制指令。 (2) X、Z 轴指定的移动量比指定的 R 或 C 小时，系统将报警。

链接知识 I801 圆弧插补指令 G02、G03

在数控车床编程中，圆弧插补指令 G02、G03 可以控制刀具进行曲线移动，从而实现圆弧的加工。接下来，将详细介绍 G02、G03 指令的格式、用法、参数设置及注意事项。

1. G02、G03 指令的格式

圆弧插补指令 G02、G03 的格式及说明如表 I801-1 所示。

表 I801-1 圆弧插补指令 G02、G03 的格式及说明

指令	G02、G03
格式	$\left\{\begin{matrix}G02\\G03\end{matrix}\right\}X(U)\_Z(W)\_\left\{\begin{matrix}I\_K\_\\R\_\end{matrix}\right\}F\_$
说明	G02/G03 指令，刀具按顺时针/逆时针方向进行圆弧加工，如参考图所示。
参考图	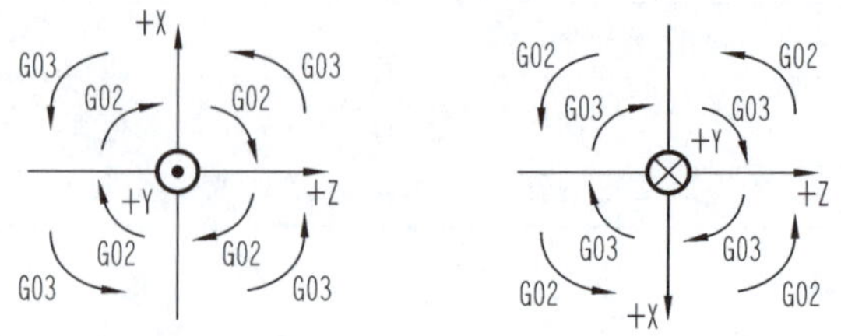
参数 G02	顺时针圆弧插补
参数 G03	逆时针圆弧插补
参数 X、Z	为绝对编程时，圆弧终点在工件坐标系中的坐标
参数 U、W	为增量编程时，圆弧终点相对于圆弧起点的位移量
参数 I、K	圆心相对于圆弧起点的增加量（等于圆心的坐标减去圆弧起点的坐标，）在绝对编程、增量编程时，以增量方式指定，在直径编程、半径编程时，I 都是半径值
参数 R	圆弧半径
参数 F	被编程的两个轴的合成进给速度
注意事项	（1）顺时针或逆时针是指从垂直于圆弧所在平面的坐标轴（即 Y 轴）的正方向看到的回转方向。 （2）R 是圆弧半径，当圆弧所对的圆心角小于或等于 180°时，R 取正值；当圆弧所对的圆心角大于 180°又小于 360°时，R 取负值；当为整圆时，用 I、K 代替 R。

2. G02、G03 指令的运用

以图 I801-1 所示的零件为例，零件毛坯选用直径为 50 mm 的棒料，编制该零件的精加工程序，如表 I801-2 所示。

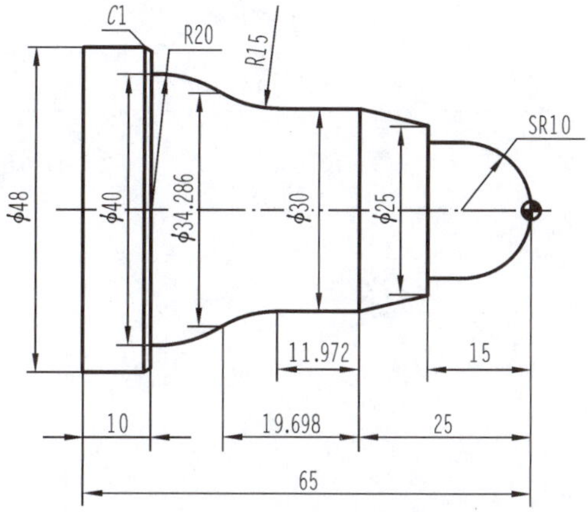

图 I801-1 圆弧轴的零件图

表 I801-2 零件的精加工程序

精加工程序	程序说明
O0001	文件名
%1234	程序名
N10 T0101	选择 1 号刀偏，1 号刀补
N20 M03 S1200	主轴正转，转速为 1200 r/min
N30 G00 X52 Z3	快速定位到循环起点
N40 G00 X0 Z3	快速移动到轴线
N50 G01 X0 Z0 F120	直线插补以 120 mm/min 的速度移动到零点
N60 G03 X20 Z-10 R10	零件轮廓程序
N70 G01 Z-15	
N80 G01 X25 Z-15	
N90 G01 X30 Z-25	
N100 G01 X30 Z-36.972	
N110 G02 X34.286 Z-44.698 R15	
N120 G03 X40 Z-55 R20	
N130 G01 X40 Z-65	
N140 G01 X51	

续表

精加工程序	程序说明
N150 G00 X100	X 向快速退刀
N160 Z100	Z 向快速退刀
N170 M05	主轴停止
N180 M30	程序结束,并返回

链接知识 I1101 内外径粗车复合循环指令 G71

当工件的加工余量较大，且形状简单时，可以采用简单循环 G80、G81 指令进行编程加工。但当工件余量大，轮廓形状复杂时，需采用复合循环 G71 指令以简化编程，如图 I1101-1 所示。

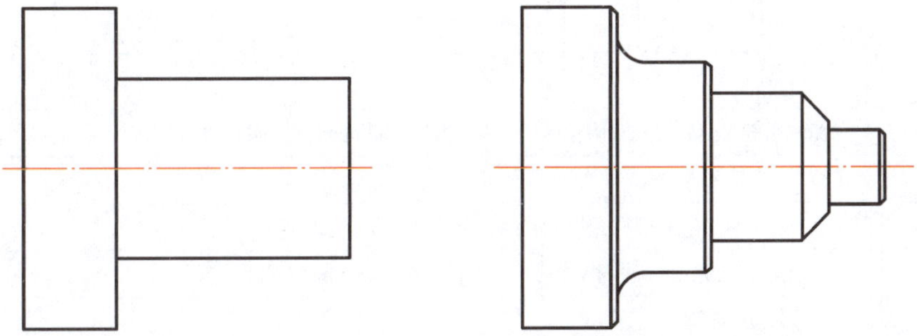

图 I1101-1　简单形状与复杂形状示意图

1. 无凹槽 G71 指令的格式

无凹槽外径粗车复合循环指令的格式及说明如表 I1101-1 所示。

表 I1101-1　无凹槽外径粗车复合循环指令的格式及说明

指令	G71(无凹槽)
格式	G71 U(Δd) R(r) P(ns) Q(nf) X(Δx) Z(Δz) F(f)
说明	该指令执行如参考图所示的粗加工和精加工，其中，精加工路径为 A→A′→B′→B 的轨迹。

<table>
<tr><th>指令</th><th>G71(无凹槽)</th></tr>
<tr><td>参考图</td><td>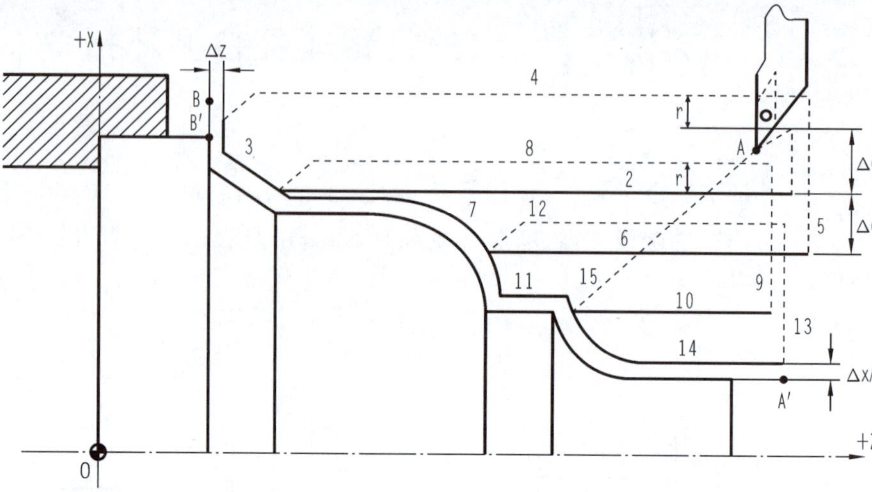
</td></tr>
<tr><td>参数 U</td><td>(Δd)切削深度(每次切削量),指定时不加符号,方向由矢量 AA′决定</td></tr>
<tr><td>参数 R</td><td>(r)每次退刀量</td></tr>
<tr><td>参数 P</td><td>(ns)精加工路径第一程序段(即图中的 AA′)的顺序号</td></tr>
<tr><td>参数 Q</td><td>(nf)精加工路径最后程序段(即图中的 B′B)的顺序号</td></tr>
<tr><td>参数 X</td><td>(Δx)X 方向精加工余量</td></tr>
<tr><td>参数 Z</td><td>(Δz)Z 方向精加工余量</td></tr>
<tr><td>参数 F</td><td>(f)粗加工时的进给速度</td></tr>
<tr><td>注意事项</td><td>(1) G71 切削循环下,切削进给方向平行于 Z 轴,X(ΔU)和 Z(ΔW) 的符号如下图所示,其中,(+)表示沿轴正方向移动,(−)表示沿轴负方向移动。
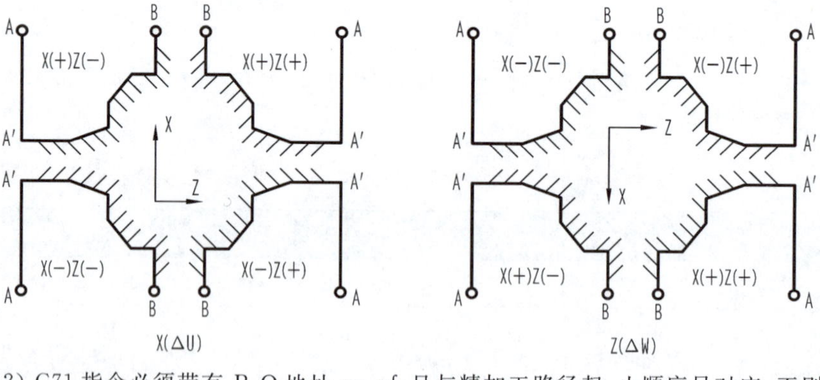

(2) G71 指令必须带有 P、Q 地址 ns、nf,且与精加工路径起、止顺序号对应,否则不能进行该循环加工。
(3) ns 的程序段必须为 G00/G01 指令,即从 A 到 A′的动作必须是直线运行或点定位运动。
(4) 在顺序号为 ns 到顺序号为 nf 的程序段中,不应包含子程序。</td></tr>
</table>

2. 有凹槽 G71 指令的格式

有凹槽外径粗车复合循环指令的格式及说明如表 I1101-2 所示。

表 I1101-2　有凹槽外径粗车复合循环指令的格式及说明

指令	G71(有凹槽)
格式	G71 U(Δd) R(r) P(ns) Q(nf) E(e) F(f) S(s) T(t)
说明	该指令执行如参考图所示的粗加工，其中，精加工路径为 A→A′→B′→B 的轨迹。
参考图	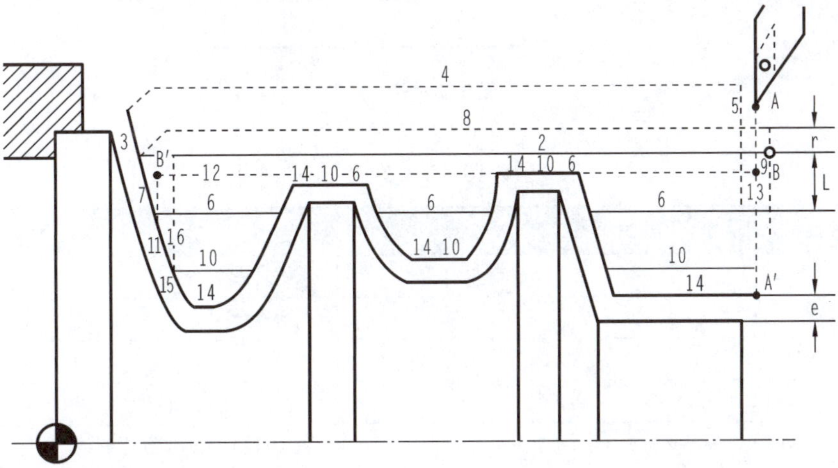
参数 U	(Δd)切削深度(每次切削量)，指定时不加符号，方向由矢量 AA′决定
参数 R	(r)每次退刀量
参数 P	(ns)精加工路径第一程序段(即图中的 AA′)的顺序号
参数 Q	(nf)精加工路径最后程序段(即图中的 B′B)的顺序号
参数 E	(e)精加工余量，其为 X 方向的等高距离；外径切削时为正，内径切削时为负
参数 F	(f)粗加工时的进给速度
参数 S	(s)粗加工时的主轴转速
参数 T	(t)粗加工时的刀具功能
注意事项	在留取余量时，E 值不宜留取过大，否则会在精加工过程中，因 Z 向余量过大，而刀具主偏角过小，使端面切削过厚，造成切削力过大或崩刀。

3. 无凹槽 G71 指令的运用

以图 I1101-2 所示的零件为例，零件毛坯选用直径为 45 mm 的棒料，编制该零件的精加工程序，如表 I1101-3 所示。

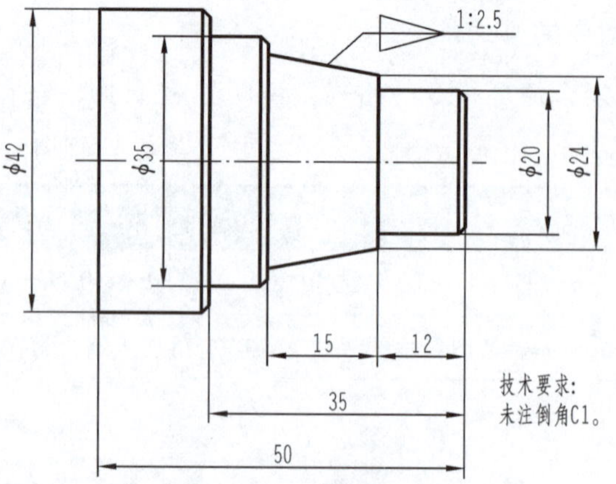

图 I1101-2　圆柱锥轴零件图

表 I1101-3　零件的精加工程序 1

精加工程序	程序说明
O0001	文件名
%1234	程序名
N10 T0101	选择 1 号刀偏，1 号刀补
N20 M03 S900	主轴正转，转速为 900 r/min
N30 G00 X47 Z3	快速定位到循环起点
N40 G71 U1 R1 P50 Q150 X0.5 Z0.1 F180	无凹槽粗车复合循环指令
N50 G00 X0 Z3 S1300	快速移动到轴线
N60 G01 X0 Z0 F130	直线插补方式移动到零点
N70 G01 X20 Z0 C1	零件轮廓程序
N80 G01 X20 Z-12	
N90 G01 X24 Z-12	
N100 G01 X30 Z-27	
N110 G01 X35 Z-27 C1	
N120 G01 X35 Z-35	
N130 G01 X42 Z-35 C1	
N140 G01 X42 Z-50	
N150 G01 X46	
N160 G00 X100	X 向快速退刀
N170 Z100	Z 向快速退刀
N180 M05	主轴停止
N190 M30	程序结束，并返回

4. 有凹槽 G71 指令的运用

以图 I1101-3 所示的零件为例，零件毛坯选用直径为 50 mm 的棒料，编制该零件的精加工程序，如表 I1101-4 所示。

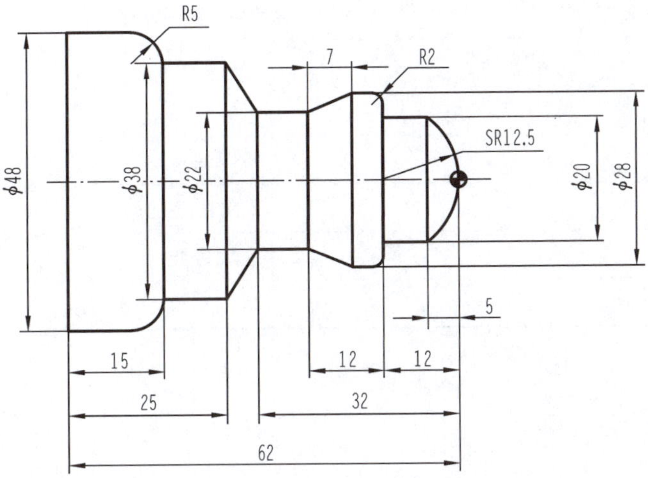

图 I1101-3 印章的零件图

表 I1101-4 零件的精加工程序 2

精加工程序	程序说明
O0001	文件名
%1234	程序名
N10 T0101	选择 1 号刀偏，1 号刀补
N20 M03 S900	主轴正转，转速为 900 r/min
N30 G00 X52 Z3	快速定位到循环起点
N40 G71 U1 R1 P50 Q170 E0.25 F180	有凹槽粗车复合循环指令
N50 G00 X0 Z3 S1300	快速移动到轴线
N60 G01 X0 Z0 F130	直线插补方式移动到零点
N70 G03 X20 Z-5 R12.5	零件轮廓程序
N80 G01 Z-12	
N90 G01 X28 Z-12 R2	
N100 G01 X28 Z-17	
N110 G01 X22 Z-24	
N120 G01 X22 Z-32	

续表

精加工程序	程序说明
N130 G01 X38 Z-37	零件轮廓程序
N140 G01 X38 Z-47	
N150 G01 X48 Z-47 R5	
N160 G01 X48 Z-62	
N170 G01 X51	
N180 G00 X100	X 向快速退刀
N190 Z100	Z 向快速退刀
N200 M05	主轴停止
N210 M30	程序结束,并返回

刀尖圆弧半径补偿指令 G40、G41、G42

在现代数控制造过程中，高效率、高精度是数控加工的代名词，为达到工件表面粗糙度要求，需选用带有刀尖圆弧的机夹式车刀进行加工。为消除刀尖圆弧对工件加工的不利影响，可运用刀尖圆弧半径补偿功能。

1. 刀尖圆弧对工件加工的影响

为了理解刀尖圆弧对工件加工的影响，首先我们来分析一下数控车刀的刀尖具体结构，如图 I1201-1 所示。

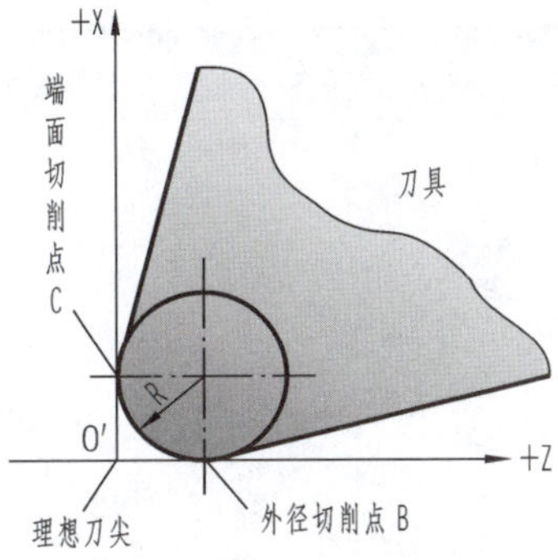

图 I1201-1　假想刀具刀尖示意图

在数控车床编程过程中，编程人员都是以刀具的理想刀尖相对零件的轮廓形状进行程序编写的，当编程人员不加刀尖半径补偿时，零件中斜线、圆弧等轮廓要素均会产生“欠切现象”，如图 I1201-2 所示。

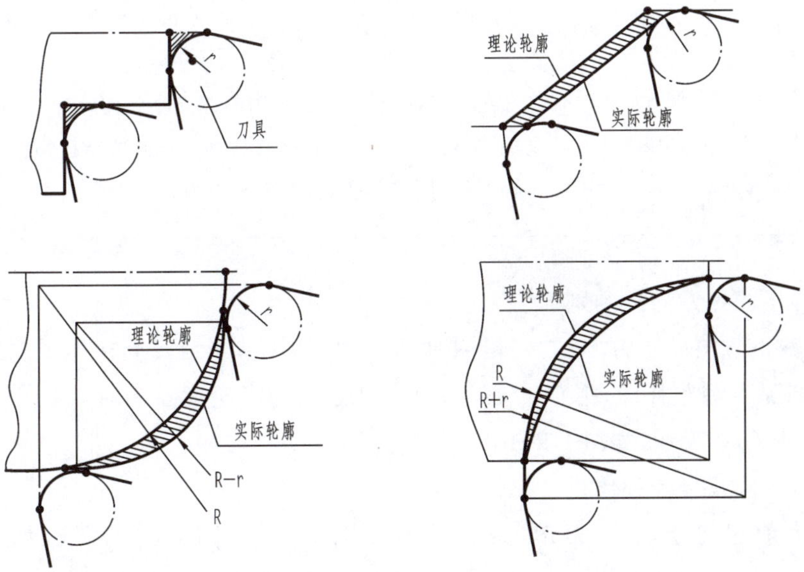

图 I1201-2　刀尖圆弧对工件加工的不利影响

2. G40、G41、G42 指令的格式

(1) 刀尖圆弧半径补偿的定义。

带有刀尖圆弧的车刀，刀位点为刀尖圆弧的圆心。为确保工件轮廓形状，加工时刀尖圆弧的圆心运动轨迹应与工件轮廓偏置一个半径值，这种偏置称为“刀尖圆弧半径补偿”。

(2) 刀尖圆弧半径补偿指令格式。

指令的格式及说明如表 I1201-1 所示。

表 I1201-1　刀尖圆弧半径补偿指令的格式及说明

指令	G40、G41、G42
格式	$\left\{\begin{matrix}G41\\G42\\G40\end{matrix}\right\}$ G01/G00　X_ Z_ F_
说明	G40：取消刀尖半径补偿； G41：左刀补(在刀具前进方向左侧补偿)； G42：右刀补(在刀具前进方向右侧补偿)
参数 X,Z	G00/G01 的参数，即建立刀补或取消刀补的终点
参数 F	建立或取消刀补时的移动进给速度
注意事项	(1) 刀尖圆弧半径补偿的建立与取消，只能用 G00 或 G01 指令，而不能用 G02 或 G03 指令。 (2) 建立刀补和取消刀补时，移动距离要大于刀尖圆弧半径值。 (3) G41/G42 不带参数，其补偿号(代表所用刀具对应的刀尖半径补偿值)由 T 指令指定。该刀尖圆弧半径补偿号与刀具偏置补偿号对应。

(3) 补偿偏置方向的判别。

由 Y 轴正方向向负方向观察，沿刀具的移动方向看，当刀具处在加工轮廓左侧时，称为刀尖圆弧半径左补偿，用 G41 表示；当刀具处在加工轮廓右侧时，称为刀尖圆弧半径右补偿，用 G42 表示，如图 I1201-3 所示。

(4) 刀尖圆弧半径补偿过程。

本例为前置刀架，1 号刀偏，刀具的刀尖圆弧半径补偿为右补偿，如图 I1201-4 所示。

以图 I1201-4 为例，采用刀尖圆弧半径补偿功能编制该零件的精加工程序，如表 I1201-2 所示。

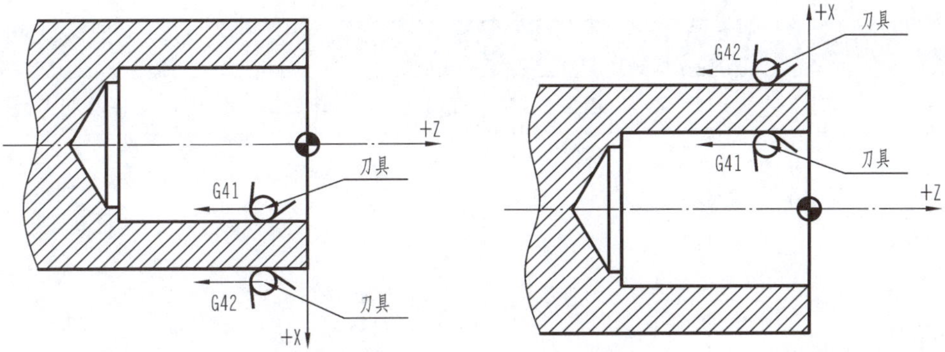

前置刀架，+Y 轴向内　　　　后置刀架，+Y 轴向外

图 I1201-3　刀尖圆弧半径补偿偏置方向的判别

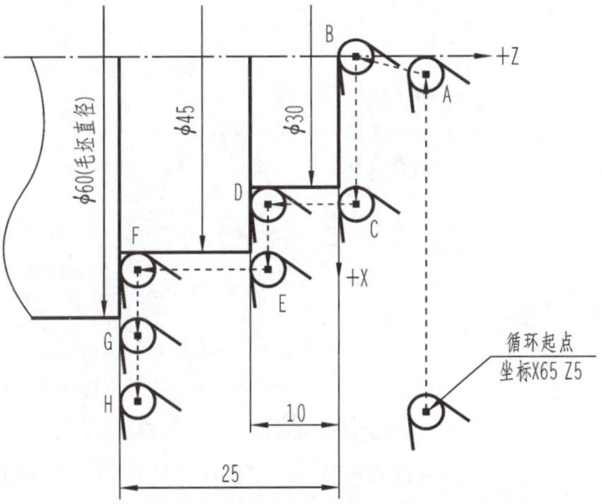

图 I1201-4　刀尖圆弧半径补偿过程

AB—刀补建立；BCDEFG—刀补进行；GH—取消刀补

表 I1201-2　零件的精加工程序

精加工程序	程序说明
O0001	文件名
%1234	程序名
N10 T0101	选择 1 号刀偏，1 号刀补
N20 M03 S1200	主轴正转，转速为 1200 r/min
N30 G00 X65 Z5	快速定位到循环起点
N40 X0 Z5	快速移动到 A 点

精加工程序	程序说明
N50 G42 G01 X0 Z0 F120	建立右刀补，直线插补以 120 mm/min 的速度移动到 B 点
N60 X30	刀补执行中： 用直线插补方式，从 C 点到 G 点(C→D→E→F→G)
N70 Z-10	
N80 X45	
N90 Z-25	
N100 X60	
N110 G40 G01 X65	取消刀补，以直线插补方式移动到 H 点
N120 G00 X100	X 向快速退刀
N130 Z100	Z 向快速退刀
N140 M05	主轴停止
N150 M30	程序结束，并返回
注意事项	(1) G41/G42 不带参数，其补偿号(代表所用刀具对应的刀尖半径补偿值)由 T 指令指定。该刀尖圆弧半径补偿号与刀具偏置补偿号对应。 (2) 在刀具补偿模式下，一般不允许存在连续两段以上的补偿平面内非移动指令，否则刀具也会出现过切等危险动作。补偿平面非移动指令通常指仅有 G、M、S、F、T 指令的程序段(如 G90、M05)及程序暂停程序段(G04 X10.0)。

3. 刀具刀沿位置及刀具半径补偿值的设置

(1) 外圆车刀刀具切削沿位置的确定。

当程序里的刀补编写完成后，操作人员还需在刀偏表中设置所用数控车刀的刀尖圆弧半径和刀沿位置，三个环节全部设置正确时，刀补才能建立成功。如何确定所选刀具的切削沿位置，如图 I1201-5 所示。

(2) 常用数控车刀的刀沿位置号。

数控车床加工中，常用的数控车刀有以下几种，不同的刀具都会有相应的刀沿位置号(刀沿号)，如图 I1201-6 所示。

注意：在判别刀具切削沿位置时，同样要沿 Y 轴正方向向负方向观察刀具，同时也要特别注意前、后置刀架的区别。

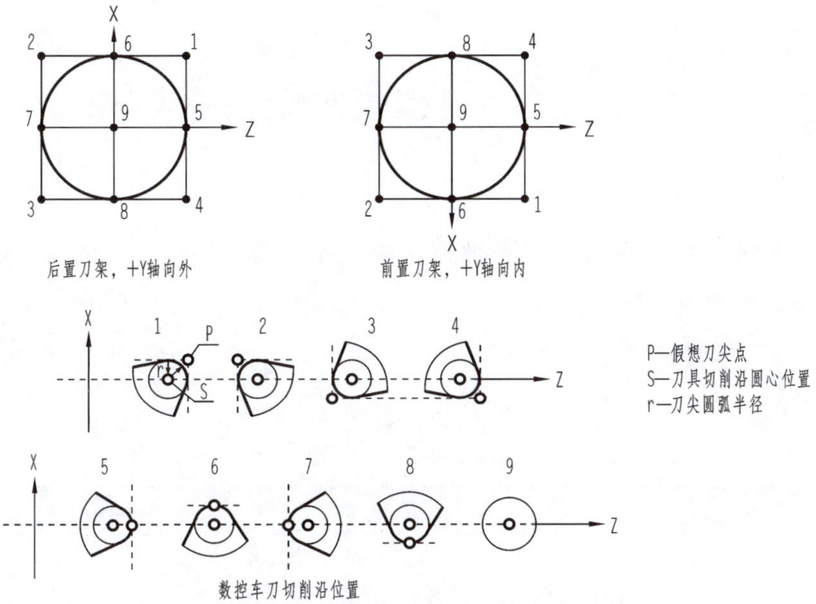

图 I1201-5　数控车刀的切削沿位置

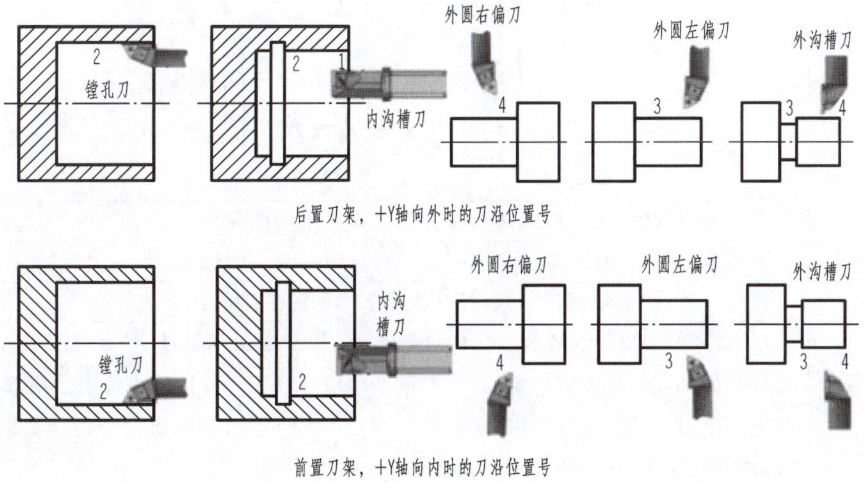

图 I1201-6　常用数控车刀的刀沿位置号

链接知识 I1301 螺纹车削指令 G32

在数控车床编程中，G32 代码是数控车床编程中用于执行单次螺纹车削的指令。可以在车床上精确车削螺纹。

1. G32 指令的格式

螺纹车削指令 G32 的格式及说明如表 I1301-1 所示。

表 I1301-1　螺纹车削指令 G32 的格式及说明

指令	G32
格式	G32 X(U)__Z(W)__R__E__P__F__
说明	G32 可以车圆柱螺纹、锥螺纹和端面螺纹，参考图为车锥螺纹示意图。
参考图	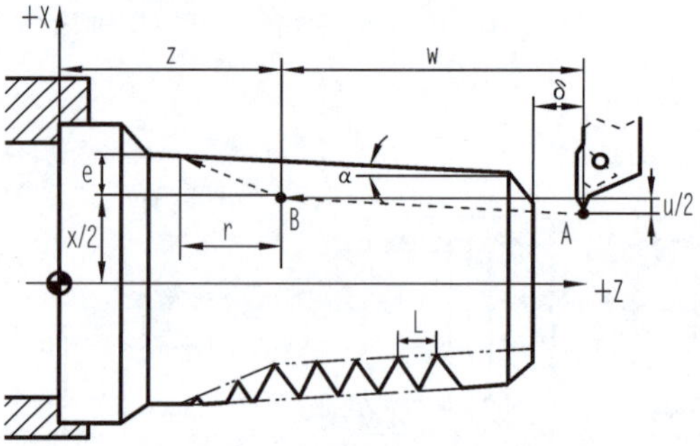
参数 X、Z	为绝对编程时，有效螺纹终点在工件坐标系中的坐标。
参数 U、W	为增量编程时，有效螺纹终点相对于螺纹切削起点的位移量。
参数 F	螺纹导程，即主轴每转一圈，刀具相对于工件的进给值。
参数 R、E	螺纹切削的退尾量，R 表示 Z 向退尾量；E 为 X 向退尾量，R、E 在绝对编程或增量编程时都是以增量方式指定的，其为正表示沿 Z、X 正向回退，为负表示沿 Z、X 负向回退。使用 R、E 可免去退刀槽。R、E 可以省略，表示不用回退功能。根据螺纹标准，R 一般取 2 倍的螺距，E 大于螺纹的牙型高。
参数 P	主轴基准脉冲处距离螺纹切削起始点的主轴转角。
注意事项	(1) 螺纹从粗加工到精加工，主轴的转速必须为一常数，即保持不变。 (2) 在没有停止主轴的情况下，停止螺纹的切削将非常危险；因此螺纹切削时进给保持功能无效，如果按下进给保持按键，刀具在加工完螺纹后停止运动。 (3) 在螺纹加工过程中不使用恒定线速度控制功能。 (4) 在螺纹加工轨迹中应设置足够的升速进刀段 δ 和降速退刀段 δ'，以消除伺服滞后造成的螺距误差。

2. G32 指令的运用

以图 I1301-1 所示的零件为例，已知零件外形已经加工到位，运用 G32 指令编制该零件的螺纹精加工程序，如表 I1301-2 所示。

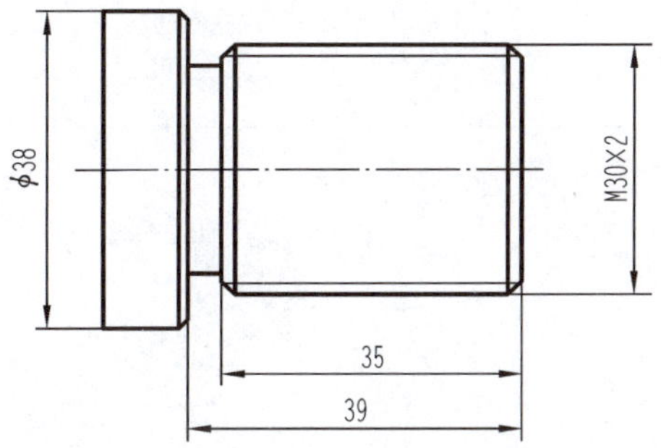

图 I1301-1　圆柱螺栓零件图

表 I1301-2　零件的螺纹精加工程序

精加工程序	程序说明
O0001	文件名
%1234	程序名
N10 T0303	选择 3 号刀偏，3 号刀补
N20 M03 S500	主轴正转，转速为 500 r/min
N30 G00 X34 Z3	快速定位到螺纹循环起点
N40 G00 X29.2	第一刀切削 0.8 mm 的步骤：进刀→切削螺纹→退刀→返回起点
N50 G32 X29.2 Z-36 F2	
N60 G00 X34 Z-36	
N70 G00 X34 Z3	
N80 G00 X28.6	第二刀切削 0.6 mm 的步骤：进刀→切削螺纹→退刀→返回起点
N90 G32 X28.6 Z-36 F2	
N100 G00 X34 Z-36	
N110 G00 X34 Z3	
N120 G00 X28	第三刀切削 0.6 mm 的步骤：进刀→切削螺纹→退刀→返回起点
N130 G32 X28 Z-36 F2	
N140 G00 X34 Z-36	
N150 G00 X34 Z3	

续表

精加工程序	程序说明
N160 G00 X27.6	第四刀切削 0.4 mm 的步骤：进刀→切削螺纹→退刀→返回起点
N170 G32 X27.6 Z-36 F2	
N180 G00 X34 Z-36	
N190 G00 X34 Z3	
N200 G00 X27.402	第五刀切削 0.198 mm 的步骤：进刀→切削螺纹→退刀→返回起点
N210 G32 X27.402 Z-36 F2	
N220 G00 X34 Z-36	
N230 G00 X34 Z3	
N240 G00 X27.402	最后一刀，精加工螺纹
N250 G32 X27.402 Z-36 F2	
N260 G00 X34 Z-36	
N270 G00 X34 Z3	
N280 G00 X100	X 向快速退刀
N290 Z100	Z 向快速退刀
N300 M05	主轴停止
N310 M30	程序结束，并返回

链接知识 I1302 螺纹车削简单循环指令 G82

在数控车床编程中，G82 代码是数控车床编程中用于执行简单循环螺纹车削的指令，通过掌握 G82 代码，我们可以在车床上进行简单循环车削。

1. G82 指令的格式

螺纹车削简单循环指令 G82 的格式及说明如表 I1302-1 所示。

表 I1302-1 螺纹车削简单循环指令 G82 的格式及说明

指令	G82
格式	G82 X(U)__ Z(W)__ I__R__ E__ C__ P__F__
说明	G82 指令可以加工圆柱螺纹、锥螺纹、多头螺纹。如参考图所示，单头螺纹加工时，G82 指令执行四个动作：从循环起点 A 到螺纹切削起点 B 的快速定位→从点 B 到螺纹切削终点的螺纹切削→从点 C 到点 D 的螺纹退尾切削→从点 D 回到循环起点 A 的快速退刀。
参考图	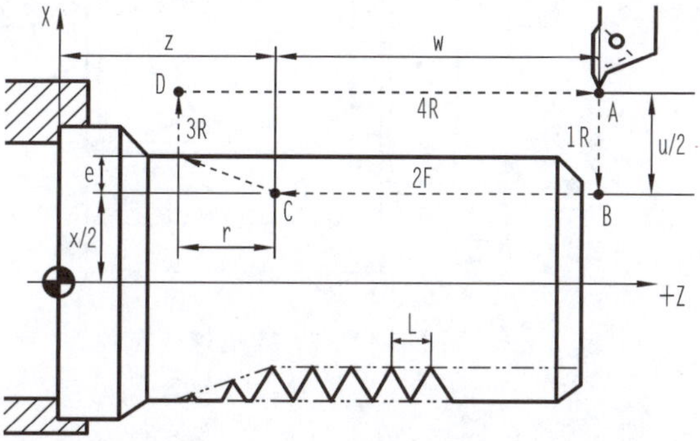
参数 X、Z	为绝对编程时，有效螺纹终点在工件坐标系中的坐标。
参数 U、W	为增量编程时，有效螺纹终点相对于螺纹切削起点的位移量。
参数 I	为螺纹起点 B 与螺纹终点 C 的半径差。其符号为差的符号（无论是绝对编程还是增量编程）。
参数 F	螺纹导程，即主轴每转一圈，刀具相对于工件的进给值。
参数 R、E	螺纹切削的退尾量，R 表示 Z 向退尾量；E 为 X 向退尾量，R、E 在绝对编程或增量编程时都是以增量方式指定的，其为正表示沿 Z、X 正向回退，为负表示沿 Z、X 负向回退。使用 R、E 可免去退刀槽。R、E 可以省略，表示不用回退功能；根据螺纹标准，R 一般取 2 倍的螺距，E 大于螺纹的牙型高。

指令	G82
参数 C	螺纹头数，为 0 或 1 时切削单头螺纹。
参数 P	主轴基准脉冲处距离螺纹切削起始点的主轴转角。
注意事项	（1）螺纹从粗加工到精加工，主轴的转速必须为一常数，即保持不变。 （2）在没有停止主轴的情况下，停止螺纹的切削将非常危险；因此螺纹切削时进给保持功能无效，如果按下进给保持按键，刀具在加工完螺纹后停止运动。 （3）在螺纹加工过程中不使用恒定线速度控制功能。 （4）在螺纹加工轨迹中应设置足够的升速进刀段 δ 和降速退刀段 δ'，以消除伺服滞后造成的螺距误差。

2. G82 指令的运用

以图 I1302-1 所示的零件为例，已知零件外形已经加工到位，运用 G82 指令编制该零件的螺纹精加工程序，如表 I1302-2 所示。

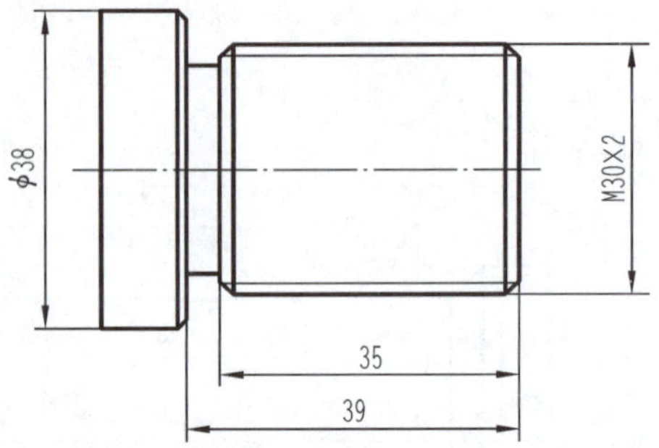

图 I1302-1　圆柱螺栓零件图

表 I1302-2　零件的螺纹精加工程序

精加工程序	程序说明
O0001	文件名
%1234	程序名
N10 T0303	选择 3 号刀偏，3 号刀补
N20 M03 S500	主轴正转，转速为 500 r/min
N30 G00 X34 Z3	快速定位到螺纹循环起点
N40 G82 X29.2 Z-36 F2	第一刀螺纹车削 0.8 mm
N50 X28.6 Z-36 F2	第二刀螺纹车削 0.6 mm

续表

精加工程序	程序说明
N60 X28 Z-36 F2	第三刀螺纹车削 0.6 mm
N70 X27.6 Z-36 F2	第四刀螺纹车削 0.4 mm
N80 X27.402 Z-36 F2	第五刀螺纹车削 0.198 mm
N90 X27.402 Z-36 F2	最后一刀，精加工螺纹
N100 G00 X100	X 向快速退刀
N110 Z100	Z 向快速退刀
N120 M05	主轴停止
N130 M30	程序结束，并返回

链接知识 I1303 螺纹车削复合循环指令 G76

在数控车床编程中，G76 代码是数控车床编程中用于执行复合循环螺纹车削的指令，通过掌握 G76 代码，可以使用一次指令完成螺纹的车削，提高生产效率和产品质量。

1. G76 指令的格式

螺纹车削复合循环指令 G76 的格式及说明如表 I1303-1 所示。

表 I1303-1 螺纹切削复合循环指令 G76 的格式及说明

指令	G76
格式	G76 C(c) R(r) E(e) A(a) X(x) Z(z) I(i) K(k) U(d) V(Δdmin) Q(Δd) P(p) F(L)
说明	G76 指令执行如参考图所示的复合切削循环
参考图	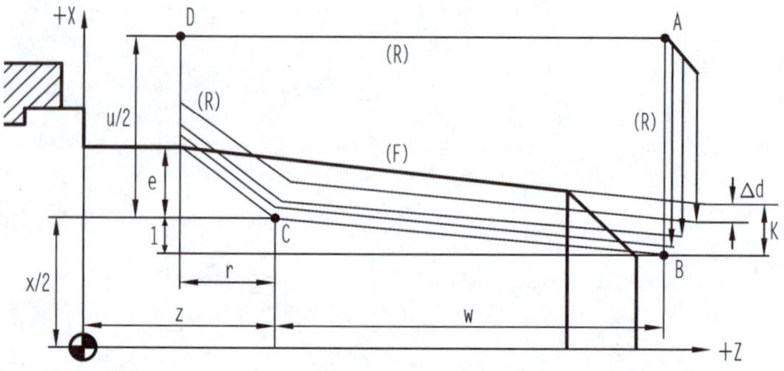
参数 C	c：精整次数(1～99)，为模态值。
参数 R	r：螺纹 Z 向退尾长度(00～99)，为模态值。
参数 E	e：螺纹 X 向退尾长度(00～99)，为模态值。
参数 A	a：刀尖角度(两位数字)，为模态值，在 80°、60°、55°、30°、29°和 0°六个角度中选一个。
参数 Z	x、z：绝对值编程时，为有效螺纹终点 C 的坐标，增量值编程时，为有效螺纹终点 C 相对于循环起点 A 的有向距离(用 G91 指令定义为增量编程，使用后用 G90 定义为绝对编程)。
参数 I	I：螺纹两端的半径差，如 i＝0，为直螺纹（圆柱螺纹）切削方式。

指令	G76
参数 V	Δdmin 为最小切削深度（半径值），当第 n 次切削深度（$\Delta d\sqrt{n}-\Delta d\sqrt{n-1}$），小于 Δdmin 时，则切削深度设定为 Δdmin。
参数 K	k：螺纹的牙深（半径值）。
参数 U	d：精加工余量（半径值）。
参数 Q	Δd：第一次切削深度（半径值）。
参数 P	p：主轴基准脉冲处距离切削起始点的主轴转角。
参数 F	L：螺纹导程（同 G32）。
注意事项	（1）螺纹从粗加工到精加工，主轴的转速必须为一常数，即保持不变。 （2）在没有停止主轴的情况下，停止螺纹的切削将非常危险；因此螺纹切削时进给保持功能无效，如果按下进给保持按键，刀具在加工完螺纹后停止运动。 （3）在螺纹加工过程中不使用恒定线速度控制功能。 （4）在螺纹加工轨迹中应设置足够的升速进刀段 δ 和降速退刀段 δ'，以消除伺服滞后造成的螺距误差。 （5）按 G76 段中的 X(x)和 Z(z)指令实现循环加工，增量编程时，要注意 u 和 w 的正负号（由刀具轨迹 AC 和 CD 段的方向决定）。 （6）G76 循环进行单边切削，减小了刀尖的受力。第一次切削时切削深度为 Δd，第 n 次的切削总深度为 $\Delta d\sqrt{n}$，每次循环的背吃刀量为 $\Delta d(\sqrt{n}-\sqrt{n-1})$。

2. G76 指令的运用

以图 I1303-1 所示的零件为例，已知零件外形已经加工到位，运用 G76 指令编制该零件的螺纹精加工程序，如表 I1303-2 所示。

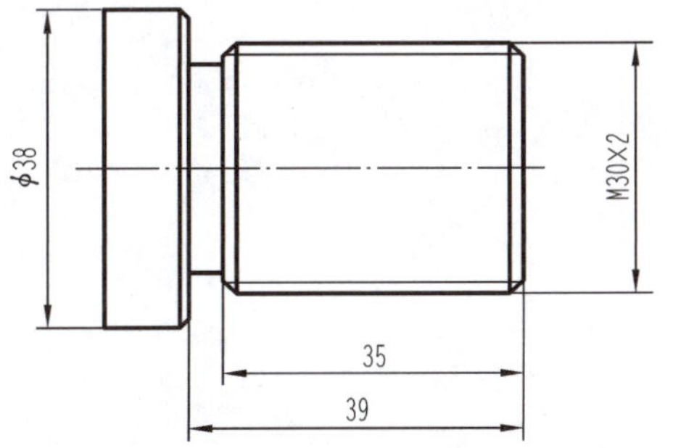

图 I1303-1　圆柱螺栓零件图

表 I1303-2 零件的螺纹精加工程序

精加工程序	程序说明
O0001	文件名
%1234	程序名
N10 T0303	选择 3 号刀偏,3 号刀补
N20 M03 S500	主轴正转,转速为 500 r/min
N30 G00 X34 Z3	快速定位到螺纹循环起点
N40 G76 C2 A60 X27.402 Z-36 K1.299 U0.05 V0.05 Q0.3 F2	G76 螺纹复合车削循环指令
N50 G00 X100	X 向快速退刀
N60 Z100	Z 向快速退刀
N70 M05	主轴停止
N80 M30	程序结束,并返回

链接知识 J103 数控铣床操作规程

1. 数控铣床安全操作规程

(1) 工作时应穿紧身工作服,戴防护眼镜,戴袖套,袖口不要敞开,并应保持整洁。女同学应戴工作帽,头发应塞入帽内。夏季禁止穿裙子、短裤、凉鞋和高跟鞋上机操作。

(2) 不穿拖鞋上岗,不允许戴手套和围巾进行操作。

(3) 开机床前,应该仔细检查铣床各部分机构是否完好,各传动手柄、变速手柄的位置是否正确,还应按要求认真对数控机床进行润滑保养。

(4) 刀具、量具等的放置要稳妥、整齐、合理,它们要有固定的位置,以便操作时取用,用后应放回原处。

(5) 工具箱内应分类摆放物件。不可随意乱放,以免损坏和丢失。

(6) 操作数控系统面板时,对各按键及开关的操作不得用力过猛,更不允许用扳手或其他工具进行操作。

(7) 完成对刀后,要做模拟试验,以防止正式操作时发生撞坏刀具、工件或设备等事故。

(8) 在数控铣削过程中,因观察加工过程的时间多于操作时间,所以一定要选择好操作者的观察位置,不允许随意离开实训岗位,以确保安全。

(9) 操作数控系统面板及操作数控机床时,严禁两人同时操作。

(10) 自动运行加工时,操作者应集中思想,左手手指应放在程序停止按钮上,眼睛观察刀尖运动情况,右手控制修调开关,控制机床运行速率,发现问题及时按下程序停止按钮,以确保刀具和数控机床安全,防止各类事故发生。

(11) 完成程序输入及对刀后,要做模拟校验,以防止正式操作时发生撞坏刀具、工件或设备等事故。

(12) 实训结束,除了按规定保养数控机床外,还应认真做好交接班工作,必要时应做好文字记录。

2. 数控铣床日常维护规程

(1) 清洁机床表面和工作台面,清除切屑和油污。

(2) 检查润滑系统,确认油液充足,并及时补充或更换。

(3) 清洁刀具,特别是铣刀,以保持其良好的切削性能。

(4) 检查传动系统和电机部件,确保紧固螺栓无松动,并进行必要的紧固和润滑。

(5) 注意机床的温度,避免温度过高对机床造成损坏。

(6) 定期检查电气系统,确保其正常运行。应检查电气系统中的接线、开关、保险丝等部位,及时进行更换或维修。

(7) 定期检查机床精度,以保证其加工精度和稳定性。

(8) 定期清洁各个部位,包括加工区域、滑道、导轨、螺纹等部位,确保机床的表面清洁,避免灰尘、杂物等进入机床内部,对机床造成损坏。

(9) 检查冷却液的流量和温度,确保冷却系统正常运行。

(10) 检查液压系统的压力和油路是否正常,如有异常及时处理。

(11) 检查主轴的运转是否正常,如果发现异常应及时停机处理。

(12) 检查导轨、丝杠、轴承等传动部件的润滑情况,及时补充润滑油。

(13) 关注机床的振动和噪声,如果存在异常应及时停机检查。

(14) 定期检查安全防护装置是否完好,确保设备安全运行。

(15) 做好日常维护记录,及时发现并处理设备故障。

链接知识 J101 数控铣床认识

数控铣床是一种集成数字控制系统的自动加工设备，可以在程序代码的控制下精确地进行铣削加工。数控铣床的基础件通常包括床身、立柱、横梁、工作台、底座等结构件，其尺寸较大，构成了机床的基本框架。下面以 XK714 型号铣床为例来认识数控铣床。

1. 数控铣床型号含义

数控铣床的型号通常由数字和字母组成，代表着机床的种类、规格和性能等，详情如表 J101-1 所示。

表 J101-1 数控铣床型号含义

XK714		
位置	代号	含义
第 1 位	X	铣床(类代号)
第 2 位	K	数控代号
第 3 位	7	组别(床身铣床)
第 4 位	1	类别
第 5 位	4	工作台台面宽度 400 mm

2. 数控铣床组成部件

数控铣床主要由以下几个部件组成。

(1) 床身：床身是数控铣床的主体部分，通常由铸铁或钢板制成，具有高强度和刚性。床身通常包括工作台、主轴箱、进给机构等部件，是支撑整个机床的基础。

(2) 工作台：工作台是数控铣床上的一个平台，用于夹持工件。工作台通常由铸铁或钢板制成，具有高强度和刚性。工作台可以沿 X、Y、Z 三个方向移动，以便于加工不同形状和尺寸的工件。工作台上通常安装有夹具和定位装置，以确保工件的精度和稳定性。

(3) 主轴：主轴是数控铣床的关键部件之一，用于驱动铣刀进行切削加工。主轴通常由高精度轴承支承，具有高转速、高精度、高刚性的特点。主轴电机通过皮带将动力传递给主轴，主轴上的刀具可以进行旋转切削。

(4) 进给机构：进给机构是数控铣床的另一个关键部件，它控制着工件或铣刀在三维空间中的位置和运动。进给机构通常包括伺服电机、丝杠、导轨等部件，通过这些部件可实现工件或铣刀的直线运动和旋转运动。

(5) 数控系统:数控系统是数控铣床的核心,它由控制器、运算器、存储器等组成,负责接收输入的程序指令,并将其转换为机床各部分的运动轨迹,实现对机床的控制。数控系统通常与外部设备(如计算机、显示器、键盘等)相连,方便操作人员进行编程和控制。

(6) 辅助装置:辅助装置包括冷却系统、润滑系统、排屑装置等,这些装置对机床的正常运行和加工质量都有重要影响。例如,冷却系统可以降低切削温度,提高加工精度和表面质量;润滑系统可以减少摩擦,提高机床的使用寿命;排屑装置可以将切削下来的废料及时排出机床外部,保证机床的清洁和加工质量。详情如图 J101-1 和表 J101-2 所示。

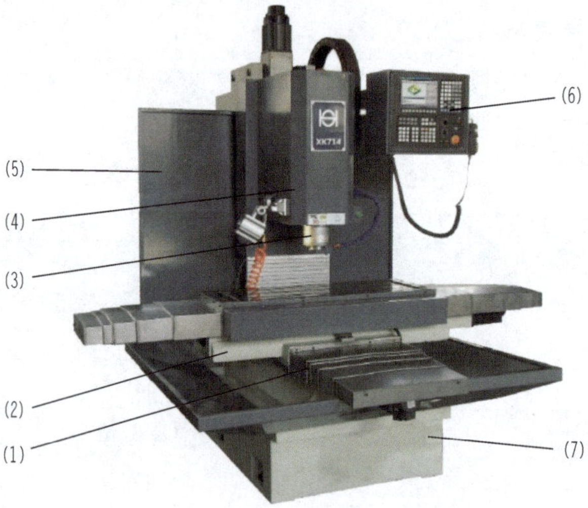

图 J101-1　数控铣床的结构

表 J101-2　数控铣床的组成及功能

序号	名称	功能
(1)	X 向导轨	引导工作台在水平纵向左右运动
(2)	Y 向导轨	引导工作台在水平横向前后运动
(3)	Z 向导轨	引导安装了刀具的主轴在竖直方向上下运动
(4)	刀柄	安装刀具
(5)	电气控制柜	用于安装控制机床强电的各种电气元件
(6)	数控装置	接收输入装置的信号,经过编译、插补运算和逻辑处理后,输出信号和指令到伺服控制系统,从而实时控制机床各部分进行相应动作
(7)	床身	支撑数控机床各部件

3. 数控铣床控制面板(以 HNC-818 数控系统为例)

(1) 控制面板。

数控铣床的控制面板包括 CRT/MDI 面板、功能软键、MDI 键盘、机床操作按键站等部分。数控铣床的控制面板如图 J101-2 所示,各按键及功能如表 J101-3 所示。

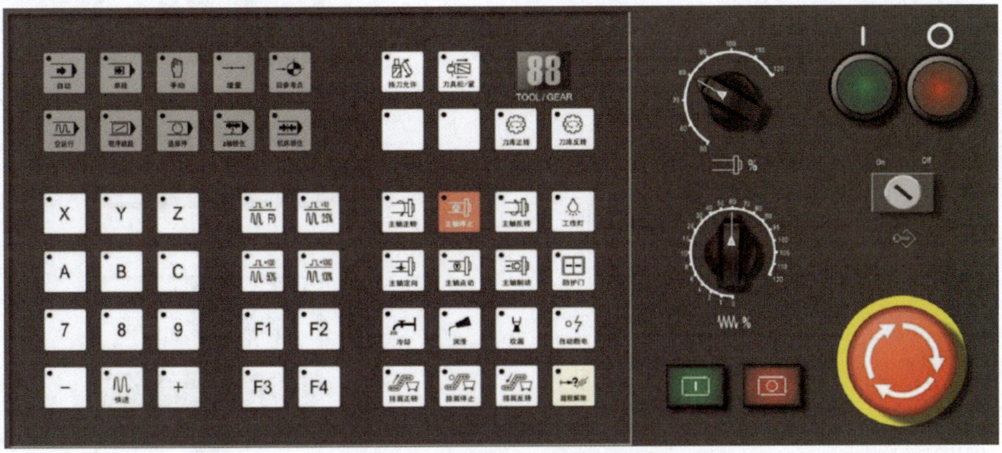

图 J101-2　数控铣床的控制面板

表 J101-3　控制面板的各按键及功能

序号	名称	功能	面板对应按键区
1	工作方式选择键	包括自动、单段、手动、增量、回参考点工作方式选择键,用于选择机床的工作方式	
2	辅助动作手动控制键	包括主轴控制、冷却控制、换刀控制、超程解除键	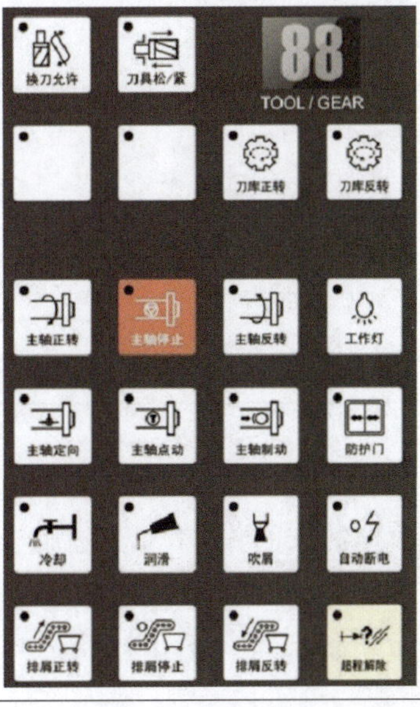

序号	名称	功能	面板对应按键区
3	坐标轴移动手动控制键	包括 X、Y、Z 等轴的手动控制键	
4	增量倍率选择键	用于增量工作方式的倍率选择	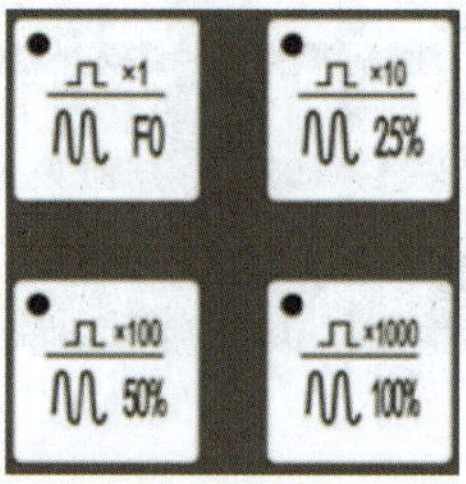
5	倍率修调旋钮	包括主轴修调和进给修调旋钮	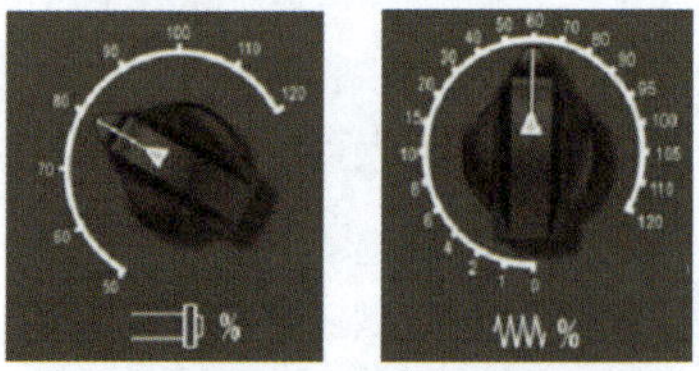
6	自动控制键	用于程序开始和暂停运行	
7	其他键	包括空运行和机床锁住等辅助动作按键	

（2）MDI 键盘。

数控铣床的 MDI 键盘是用于手动数据输入的备用键，在 MDI 方式下运行指令时使用。在 MDI 键盘上，通常会有一些特定的功能键，如地址和数字键，用于输入字母、数字和其他字符。MDI 键盘如图 J101-3 所示，主要按键的功能见表 J101-4。

图 J101-3　MDI 键盘

表 J101-4　MDI 键盘上主要按键的功能

序号	按键	功能
1		用于字母“X”、“A”的输入
2		用于字母“Y”、“B”的输入
3		用于字母“Z”、“C”的输入
4		用于字母“M”、“D”的输入
5		用于字母“S”、“H”的输入

续表

序号	按键	功能
6	T R	用于字母“T”、“R”的输入
7	I U	用于字母“I”、“U”的输入
8	J V	用于字母“J”、“V”的输入
9	K W	用于字母“K”、“W”的输入
10	G E	用于字母“G”、“E”的输入
11	F Q	用于字母“F”、“Q”的输入
12	P L	用于字母“P”、“L”的输入
13	N O	用于字母“N”、“O”的输入
14	1 "	用于数字“1”和符号“″”的输入
15	2 ;	用于数字“2”和符号“;”的输入
16	3 :	用于数字“3”和符号“:”的输入
17	4 \	用于数字“4”和符号“\”的输入

续表

序号	按键	功能
18	5 #	用于数字“5”和符号“#”的输入
19	6 ^	用于数字“6”和符号“∧”的输入
20	7 [	用于数字“7”和符号“[”的输入
21	8]	用于数字“8”和符号“]”的输入
22	9 *	用于数字“9”和符号“*”的输入
23	0 /	用于数字“0”和符号“/”的输入
24	. +	用于符号“.”、“+”的输入
25	_ =	用于符号“-”、“=”的输入
26	BS 退格	退格键
27	Cancel 取消	取消当前操作键
28	Reset 复位	恢复至初始状态键
29	Space 空格	空格键

续表

序号	按键	功能
30	Alt 替换	Alt 功能键
31	Shift 上档	上档键
32	Del 删除	删除键
33	Enter 确认	确认键
34	PgUp 上页	向上翻页键
35	PgDn 下页	向下翻页键
36	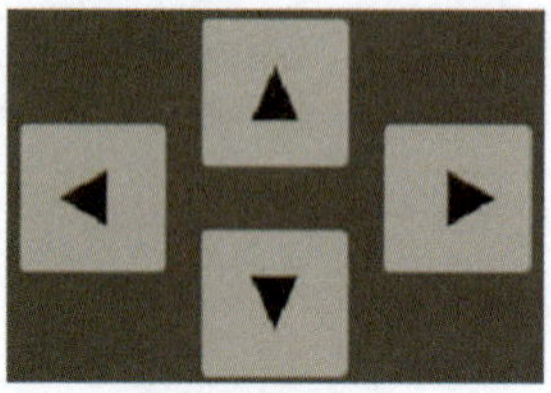	光标移动方向键
37	Prg 程序	用于程序新建、读入、编辑
38	Set 设置	用于设置机床相关参数
39	MDI 录入	用于切换至 MDI 方式
40	Oft 刀补	用于设置刀具补偿参数

续表

序号	按键	功能
41		用于机床故障诊断
42		用于切换机床位置显示方式

链接知识 J201 数控铣床的手动操作

1. 开机操作步骤

数控铣床的开机操作步骤，如图 J201-1 所示。

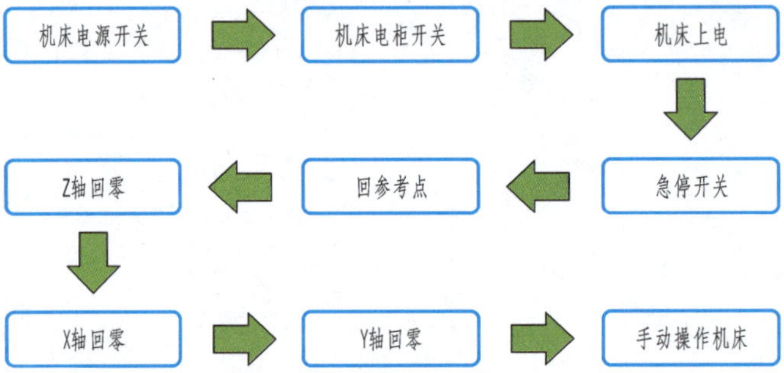

图 J201-1　数控铣床的开机操作步骤

2. 虎钳的安装与校正

图 J201-2 所示的是虎钳安装所需的工具及量具。

图 J201-2　虎钳安装所需的工具及量具

下面将详细介绍虎钳的安装与校正步骤。

第一步，组装压板，如图 J201-3 所示。

图 J201-3　组装压板

第二步，擦拭工作台，如图 J201-4 所示。

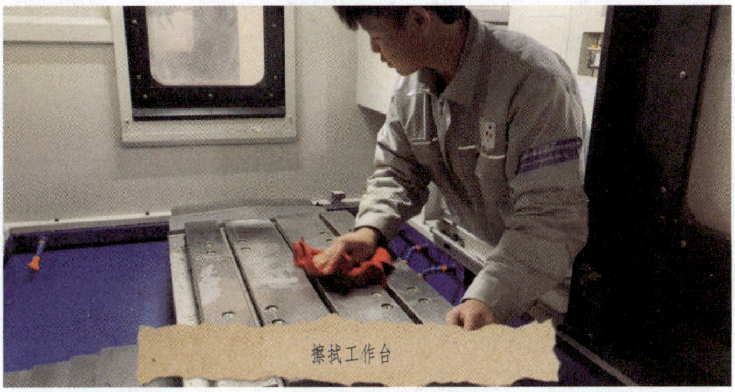

图 J201-4　擦拭工作台

第三步，将垫块放入 T 型槽内，如图 J201-5 所示。

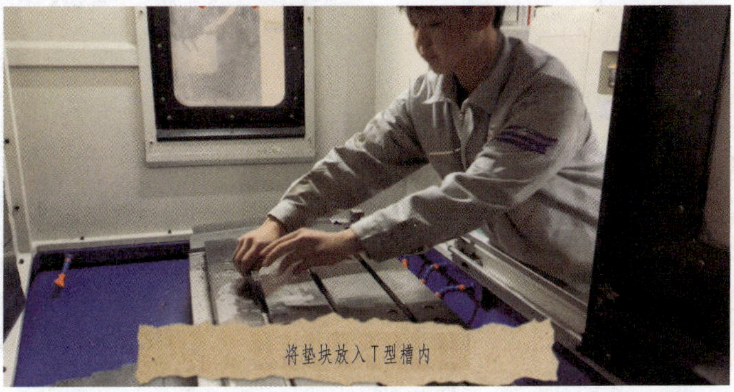

图 J201-5　将垫块放入 T 型槽内

第四步，将虎钳放在工作台上并与垫块靠齐，如图 J201-6 所示。

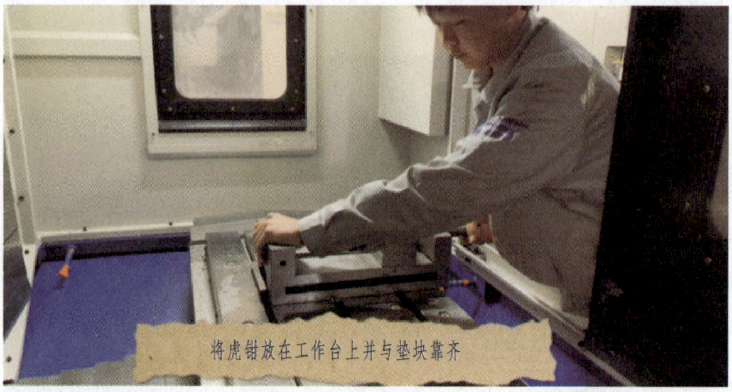

图 J201-6　将虎钳放在工作台上并与垫块靠齐

第五步，将压板放入 T 型槽并压在虎钳压槽内，如图 J201-7 所示。

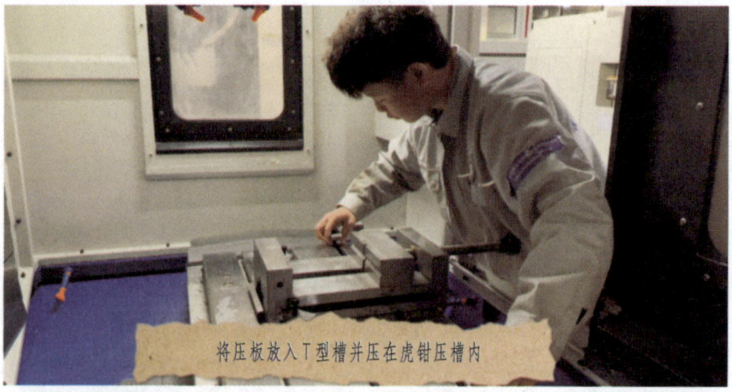

图 J201-7　将压板放入 T 型槽并压在虎钳压槽内

第六步，用内六角扳手拧紧左上角的螺钉，如图 J201-8 所示。

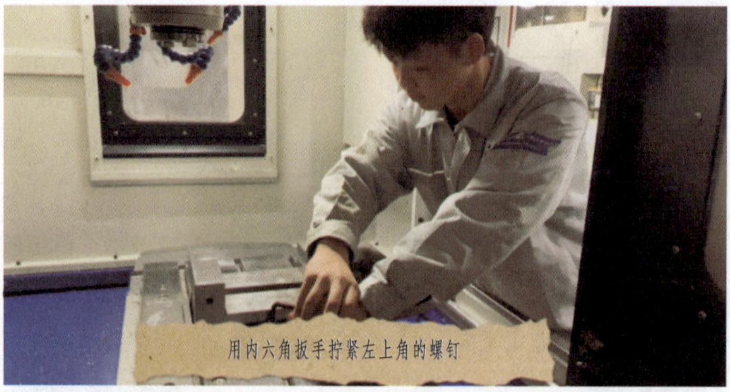

图 J201-8　用内六角扳手拧紧左上角的螺钉

第七步，安装磁力表座，如图 J201-9 所示。

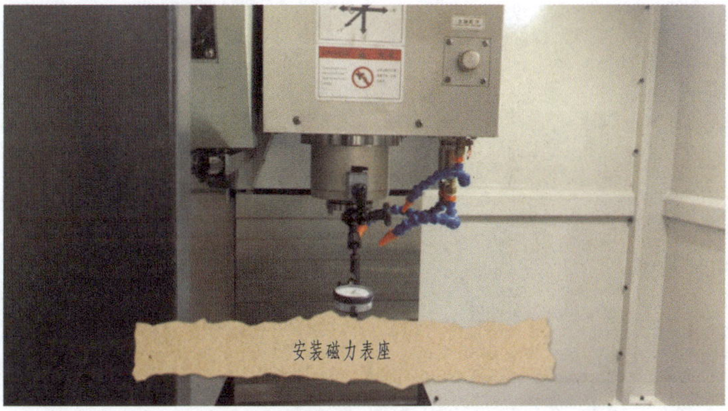

图 J201-9　安装磁力表座

第八步，将百分表移动至定钳口附近，并保持一定距离，如图 J201-10 所示。

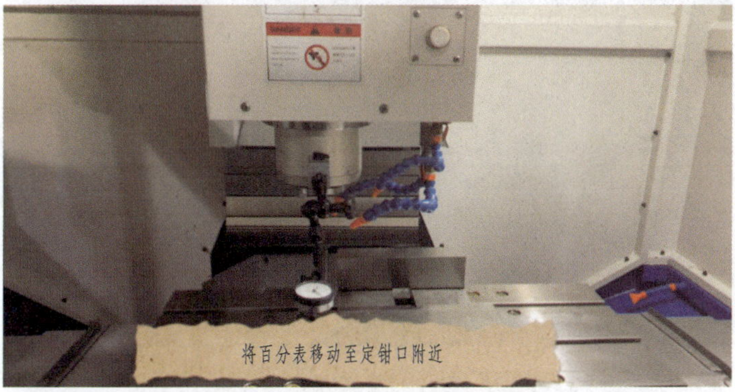

图 J201-10　将百分表移动至定钳口附近

第九步，Y 轴正方向移动，使表针接触定钳口，并将数值取整，如图 J201-11 所示。

图 J201-11　Y 轴正方向移动，使表针接触定钳口，并将数值取整

第十步，X 轴正方向移动，测量定钳口平行度，如图 J201-12 所示。

图 J201-12　X 轴正方向移动，测量定钳口平行度

第十一步，测得左端与右端相差 0.11 mm，左端值小，右端值大，如图 J201-13 所示。

图 J201-13　测得左端与右端相差 0.11 mm

第十二步，用尼龙锤敲击虎钳左下角，使表盘数值与左端一致，如图 J201-14 所示。

图 J201-14　校正平行度

第十三步，X 轴负方向移动，验证定钳口平行度，大于 0.01 mm 则重新校正，如图 J201-15 所示。

图 J201-15　X 轴负方向移动，验证定钳口平行度

第十四步，用内六角扳手拧紧其余 3 个螺钉，如图 J201-16 所示。

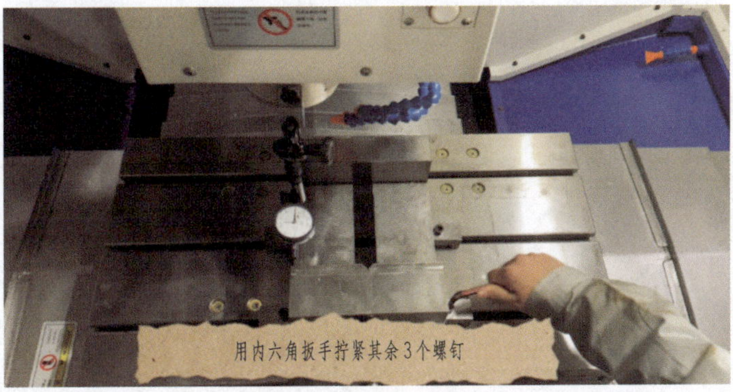

图 J201-16　用内六角扳手拧紧其余 3 个螺钉

第十五步，Y 轴负方向移动，离开定钳口，Z 轴正方向移动至安全高度，如图 J201-17 所示。

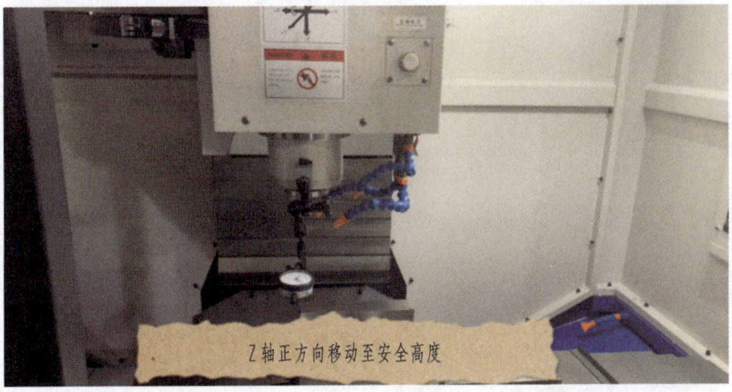

图 J201-17　Z 轴正方向移动至安全高度

第十六步，卸下磁力表座，如图 J201-18 所示。

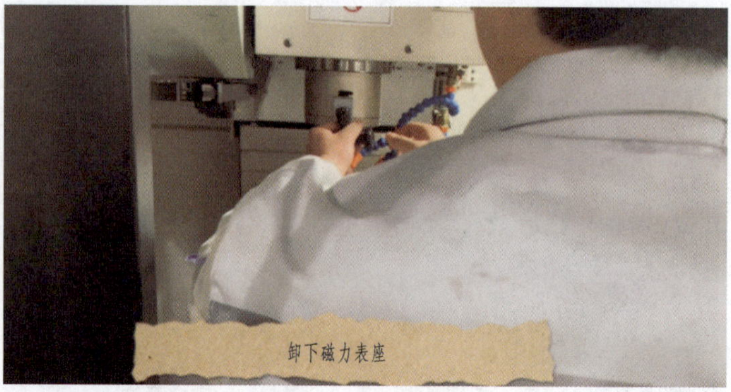

图 J201-18　卸下磁力表座

链接知识 J202 数控铣床常用刀柄刀具认识

1. 数控铣削用刀柄

数控铣削常用刀柄类型，如图 J202-1 所示。

(a) 整体钻夹头刀柄　(b) 面铣刀刀柄

(c) 镗刀刀柄

(d) ER弹簧夹头刀柄　(e) ER弹簧夹头　(f) 侧压式立铣刀柄

图 J202-1　数控铣削常用刀柄类型

2. 数控铣削用刀柄拉钉

拉钉是带螺纹的零件，常固定在各种工具柄的尾端。机床主轴内的拉紧机构借助它把刀柄拉紧在主轴中。数控机床刀柄有不同的标准，机床刀柄拉紧机构也不统一，故拉钉有多种型号和规格，如图 J202-2 所示。

(a) DIN 69871的A型拉钉　　(b) DIN 69871的B型拉钉　　(c) MAS BT的拉钉

图 J202-2　拉钉的型号和规格

拉钉的选择原则：①根据数控机床说明书选择；②对机床自带的拉钉进行测量后来确定。

注意：若拉钉选择不当，其装在刀柄上使用可能会造成事故。

3. 数控铣削类刀具的结构

数控铣削类刀具主要由两部分组成：一是刀具部分，二是工具柄部(刀柄)、接杆(接柄)和夹头等装夹工具部分，如图 J202-3 所示。

注意：通过调节中间连接模块的长度可调节整个刀具的长度。

图 J202-3　数控铣削类刀具的结构

链接知识 J203 数控铣床对刀和坐标系的设置

1. 对刀操作步骤

数控铣床的对刀操作是加工前的必要步骤，它涉及刀具和工件的定位及加工原点的确定。对刀的目的是确定对刀点（或工件原点）在机床坐标系中的绝对坐标值，同时测量刀具的刀位偏差值。对刀点找正的准确度直接影响加工精度。数控铣床的对刀操作步骤如图 J203-1 所示（以工件坐标原点在方形毛坯的上顶面对称中心为例）。

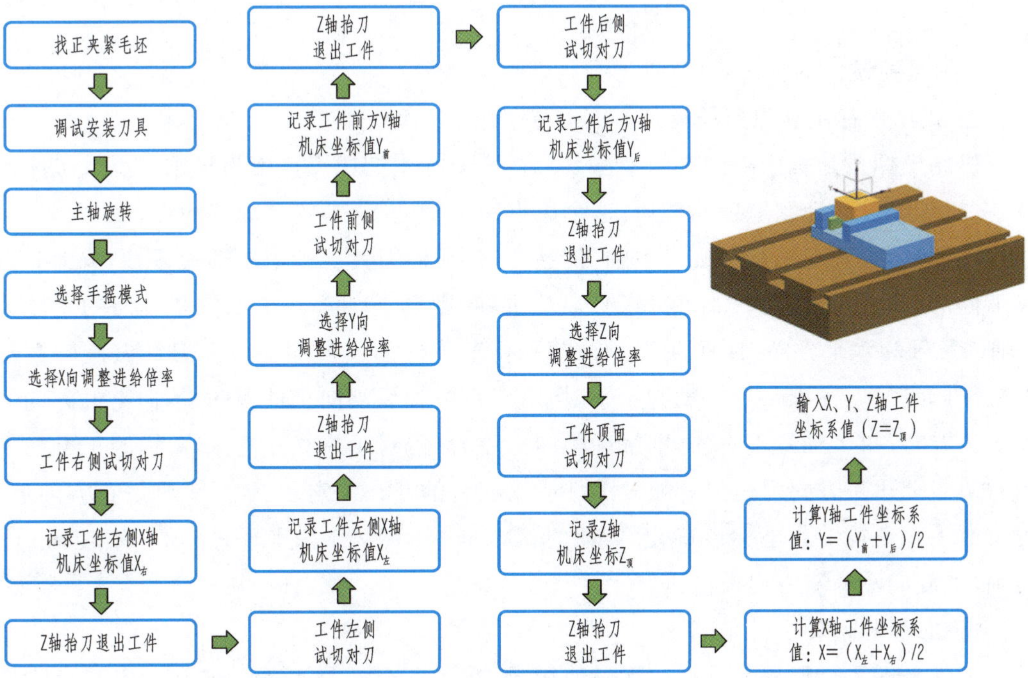

图 J203-1　数控铣床的对刀操作步骤

2. 数控铣床坐标系的设置

规定数控机床坐标轴和运动方向，是为了准确地描述机床运动，简化程序的编制，并使所编程序具有互换性。国际标准化组织目前已经统一了标准坐标系，我国也颁布了相应的标准（JB 3051—82），对数控机床的坐标和运动方向作了明文规定。

(1) 数控铣床坐标系建立的原则。

① 刀具相对于静止的工件而运动的原则。

② 标准坐标系指的是右手笛卡儿直角坐标系。在图 J203-2 中，大拇指的方向为 X 轴的正方向，食指为 Y 轴的正方向，中指为 Z 轴的正方向。

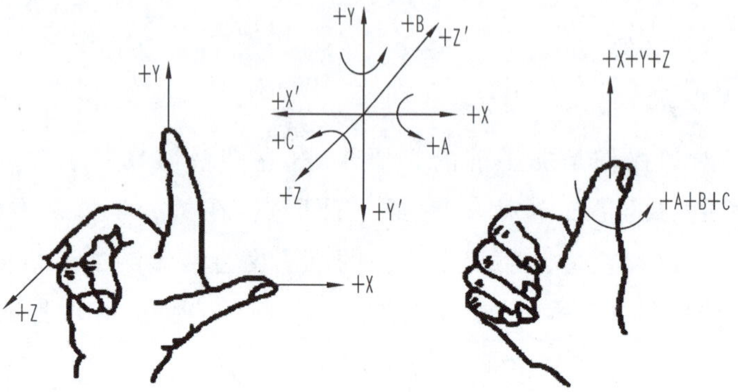

图 J203-2　右手笛卡儿坐标系

(2) 数控铣床的坐标系。

① 机床坐标系和机床原点。

机床坐标系是机床上固有的坐标系。机床坐标系的原点也称为机床原点或机床零点，在机床经过设计制造和调整后，这个原点便被确定下来，它是固定的点。

在标准中，规定平行于机床主轴(传递切削力)的刀具运动坐标轴为 Z 轴，取刀具远离工件的方向为正方向。如果机床有多个主轴，则选一个垂直于工件装夹面的主轴为 Z 轴。X 轴为水平方向，且垂直于 Z 轴并平行于工件的装夹面。对于刀具做旋转运动的机床(如铣床、镗床)，当 Z 轴为水平时，沿刀具主轴后端向工件方向看，向右的方向为 X 的正方向；如 Z 轴是垂直的，则从主轴向立柱看时，对于单立柱机床，X 轴的正方向指向右边。上述正方向都是刀具相对工件运动而言的。在确定了 X 轴、Z 轴的正方向后，可按右手直角笛卡儿坐标系确定 Y 轴的正方向，即在 Z－X 平面内，从＋Z 转到＋X 时，右螺旋应沿＋Y 方向前进。

② 工件坐标系。

工件坐标系是编程人员在编程时使用的，编程人员选择工件上的某一已知点为原点(称为编程原点或工件原点)。工件坐标系一旦建立便一直有效，直到被新的工件坐标系取代。

工件坐标系的原点选择要尽量满足编程简单、尺寸换算少、引起的加工误差小等条件，一般情况下，对于以坐标式尺寸标注的零件，编程原点应选在尺寸标注的基准点；对于对称零件或以同心圆为主的零件，编程原点应选在对称中心线或圆心上；Z 轴的程序原点通常选在工件的上表面。

链接知识 J301 数控铣削基本编程知识

1. 数控铣削编程格式及内容

国际上已形成了两个通用标准：国际标准化组织（ISO）标准和美国电子工业协会（EIA）标准。我国根据ISO标准制定了JB 3051—82《数字控制机床坐标系和运动方向的命名》等国标。由于生产厂家使用的标准不完全统一，使用的代码、指令的含义也不完全相同，因此需要参照机床编程手册。

（1）程序的结构。

一个完整的数控程序是由程序号、程序内容（程序体）和程序结束三部分组成的，例如：

```
%0029; ………………………………………………………… 程序号
N10 G15 G17 G21 G40 G49 G80;   ⎫
N20 G91 G28 Z0;                ⎪
N30 T1 M6;                     ⎬        程序内容
N40 G90 G54 S500 M03;          ⎪
……                             ⎪
……                             ⎭
N100 M30; ……………………………………………………… 程序结束
```

① 程序号。

程序号是一个程序必需的标识符，它是由地址符后带若干位数字组成的。常见的地址符有“%”、“O”、“P”等，HCNC-8系统的为“%”。后面所带的数字一般为4～8位，如：%2000。

② 程序体。

用于展示数控加工要完成的全部动作，是整个程序的核心。它由许多程序段组成，每个程序段由一个或多个指令构成。

③ 程序结束。

以程序结束指令M02或M30结束整个程序的运行。

（2）程序段格式。

零件的加工程序是由程序段组成的。程序段格式是指一个程序段中，字、字符、数据的书写规则，通常有字-地址程序段格式、使用分隔符的程序段格式和固定程序段格式，最常用的为字-地址程序段格式。

一个程序段由若干个“字”组成；字则由地址字（字母）和数值字（数字及符号）组成。地址字有 N、G、X、Y、Z、I、J、K、P、Q、R、A、B、C、F、S、T、M、L 等，后面跟相应的数值字。各英文字母的含义见表 J301-1。

表 J301-1　地址的英文字母的含义

地址	功能	含义	地址	功能	含义
A	坐标字	绕 X 轴旋转	N	顺序号	程序段顺序号
B	坐标字	绕 Y 轴旋转	O	程序号	程序号、子程序的指定
C	坐标字	绕 Z 轴旋转	P	—	暂停时间或程序中某功能开始使用的顺序号
D	刀具半径补偿号	刀具半径补偿指令	Q	—	固定循环终止段号或固定循环中的定距
E	—	第二进给功能	R	坐标字	固定循环中的定距或圆弧半径的指定
F	进给速度	进给速度指令	S	主轴功能	主轴转速的指令
G	准备功能	动作方式指令	T	刀具功能	刀具编号的指令
H	刀具长度补偿号	刀具长度补偿指令	U	坐标字	与 X 轴平行的附加轴增量坐标值
I	坐标字	圆弧中心相对于起点的 X 轴向坐标	V	坐标字	与 Y 轴平行的附加轴增量坐标值
J	坐标字	圆弧中心相对于起点的 Y 轴向坐标	W	坐标字	与 Z 轴平行的附加轴增量坐标值
K	坐标字	圆弧中心相对于起点的 Z 轴向坐标	X	坐标字	X 轴的绝对坐标值或暂停时间
L	重复次数	固定循环及子程序重复次数	Y	坐标字	Y 轴的绝对坐标值
M	辅助功能	机床开/关指令	Z	坐标字	Z 轴的绝对坐标值

（3）辅助功能 M 代码。

辅助功能由地址字 M 和其后的一或两位数字组成，主要用于控制零件程序的走向，以及机床各种辅助功能的开关动作。

M 功能有非模态 M 功能和模态 M 功能两种形式。

非模态 M 功能（当段有效代码）只在书写了该代码的程序段中有效。模态 M 功能（续效代码）是一组可相互注销的 M 功能，这些功能在被同一组的另一个功能注销前一直有效。

模态 M 功能组中包含一个缺省功能(见表 J301-2),系统上电时将被初始化为该功能。

另外,M 功能还可分为前作用 M 功能和后作用 M 功能两类。

前作用 M 功能:在程序段编制的轴运动之前执行。

后作用 M 功能:在程序段编制的轴运动之后执行。

华中世纪星 HNC-21M 数控装置 M 指令功能如表 J301-2 所示(标记▶者为缺省值)。

表 J301-2　M 指令功能

代码	模态	功能说明	代码	模态	功能说明
M00	非模态	程序停止	M03	模态	主轴正转起动
M02	非模态	程序结束	M04	模态	主轴反转起动
▶M30	非模态	程序结束并返回程序起点	M05	模态	主轴停止转动
			M06	非模态	换刀
M98	非模态	调用子程序	M07	模态	切削液打开
▶M99	非模态	子程序结束	M09	模态	切削液停止

其中,M00、M02、M30、M98、M99 用于控制零件程序的走向,是 CNC 内定的辅助功能,不由机床制造商设计决定,也就是说,与 PLC 程序无关;其余 M 代码用于机床各种辅助功能的开关动作,其功能不由 CNC 内定,而由 PLC 程序指定,所以有可能因机床制造厂不同而有差异(表内为标准 PLC 指定的功能),请使用者参考机床说明书。

(4) CNC 内定的辅助功能。

① 程序暂停 M00。

当 CNC 执行到 M00 指令时,将暂停执行当前程序,以方便操作者进行刀具和工件的尺寸测量、工件调头、手动变速等操作。暂停时,机床的主轴、进给及冷却液停止,而全部现存的模态信息保持不变,欲继续执行后续程序,可重按操作面板上的"循环启动"键。M00 为非模态后作用 M 功能。

② 程序结束 M02。

M02 编在主程序的最后一个程序段中。当 CNC 执行到 M02 指令时,机床的主轴、进给、冷却液全部停止,加工结束。使用 M02 的程序结束后,若要重新执行该程序,则应重新调用该程序,或在自动加工子菜单下按 F4 键(请参考 HNC-818 操作说明书),然后再按操作面板上的"循环启动"键。

M02 为非模态后作用 M 功能。

③ 程序结束并返回到零件程序头 M30。

M30 和 M02 的功能基本相同,只是 M30 指令还兼有控制返回到零件程序头(%)

的作用。使用 M30 的程序结束后,若要重新执行该程序,只需再次按操作面板上的“循环启动”键。

④ 子程序调用 M98 及从子程序返回 M99。

M98 用来调用子程序。M99 表示子程序结束,执行 M99 使控制返回到主程序。

a. 子程序的格式。

```
%****
……
M99
```

在子程序开头,必须规定子程序号,以作为调用入口地址。在子程序的结尾用 M99,以控制执行完该子程序后返回主程序。

b. 调用子程序的格式。

```
M98P_ L_
```

其中,P 为被调用的子程序号;L 为重复调用次数。

注意:可以带参数调用子程序。

G65 指令的功能和参数与 M98 的相同。

(5) PLC 设定的辅助功能。

① 主轴控制指令 M03、M04、M05。

M03 启动主轴以程序中编制的主轴速度顺时针方向(从 Z 轴正向朝 Z 轴负向看)旋转。M04 启动主轴以程序中编制的主轴速度逆时针方向旋转。M05 使主轴停止旋转。M03、M04 为模态前作用 M 功能;M05 为模态后作用 M 功能,M05 为缺省功能。M03、M04、M05 可相互注销。

② 换刀指令 M06。

M06 用于在加工中心上调用一个欲安装在主轴上的刀具。刀具将被自动地安装在主轴上。M06 为非模态后作用 M 功能。

③ 冷却液打开、停止指令 M07、M09。

M07 指令将打开冷却液管道。M09 指令将关闭冷却液管道。M07 为模态前作用 M 功能;M09 为模态后作用 M 功能,M09 为缺省功能。

(6) 主轴功能 S、进给功能 F 和刀具功能 T。

① 主轴功能 S。

主轴功能 S 控制主轴转速,其后的数值表示主轴速度,单位为转/每分钟(r/min)。

S 是模态指令,S 功能只有在主轴速度可调节时有效。

② 进给功能 F。

F 指令表示工件被加工时刀具相对于工件的合成进给速度,F 的单位取决于 G94

(每分钟进给量,mm/min)或 G95(每转进给量,mm/r)。

当工作在 G01、G02 或 G03 方式下,编程的 F 一直有效,直到被新的 F 值所取代,而工作在 G00、G60 方式下,快速定位的速度是各轴的最高速度,与所编 F 无关。

借助操作面板上的倍率按键,F 可在一定范围内进行倍率修调。当执行攻丝循环 G84,螺纹切削 G32 时,倍率开关失效,进给倍率固定在 100%。

③ 刀具功能 T。

T 代码用于选刀,其后的数值表示选择的刀具号,T 代码与刀具的关系是由机床制造厂规定的。

在加工中心上执行 T 指令,刀库转动选择所需的刀具,然后等待,直到 M06 指令作用时自动完成换刀。

T 指令同时调入刀补寄存器中的刀补值(刀补长度和刀补半径)。T 指令为非模态指令。

(7) 准备功能 G 代码。

准备功能 G 指令由 G 后一位或两位数值组成,它用来规定刀具和工件的相对运动轨迹、机床坐标系、坐标平面、刀具补偿、坐标偏置等多种加工操作。

华中 HNC-818 数控装置 G 的功能指令见表 J301-3。

表 J301-3 HNC-818 数控装置 G 的功能指令

代码	组号	意义	代码	组号	意义	代码	组号	意义
G00	01	快速定位	G43	10	刀具长度正向补偿	G73	06	深孔高速钻循环
G01		直线插补	G44		刀具长度负向补偿	G74		反攻丝循环
G02		顺圆插补	G49		刀具长度补偿取消	G76		精镗循环
G03		逆圆插补	G50	04	缩放关	G80		固定循环取消
G04	00	暂停	G51		缩放开	G81		定心钻循环
G07	16	虚轴设定	G52	00	局部坐标系设定	G82		带停顿的钻孔循环
G09	00	准停效验	G53		直接机床坐标系编程	G83		深孔钻循环
G17	02	XY 平面选择	G54	11	选择坐标系 1	G84		攻丝循环
G18		XY 平面选择	G55		选择坐标系 2	G85		镗孔循环
G19		XY 平面选择	G56		选择坐标系 3	G86		镗孔循环
G20	08	英寸输入	G57		选择坐标系 4	G87		反镗循环
G21		毫米输入	G58		选择坐标系 5	G88		手动精镗循环
G22		脉冲当量	G59		选择坐标系 6	G89		镗孔循环

续表

代码	组号	意义	代码	组号	意义	代码	组号	意义
G24	03	镜像开	G60	00	单方向定位	G90	13	绝对值编程
G25		镜像关	G61	12	精确停止校验方式	G91		增量值编程
G28	00	返回到参考点	G64		连续加工方式	G92	00	坐标系设定
G29		由参考点返回	G65	00	子程序调用	G94	14	每分进给
G40	09	刀具半径取消	G68	05	旋转变换	G95		每转进给
G41		刀具半径左补偿	G69		旋转取消	G98	15	固定循环后返回起始点
G42		刀具半径右补偿				G99		固定循环后返回 R 点

G 功能有非模态 G 功能和模态 G 功能之分。

非模态 G 功能：只在所规定的程序段中有效，程序段结束时被注销。

模态 G 功能：一组可相互注销的 G 功能，这些功能一旦被执行，则一直有效，直到被同一组的 G 功能注销为止。

模态 G 功能组中包含一个缺省 G 功能，上电时将被初始化为该功能。没有共同参数的不同组 G 代码可以放在同一程序段中，而且与顺序无关。例如，G90、G17 可与 G01 放在同一程序段，但 G24、G68、G51 等不能与 G01 放在同一程序段。

2. 有关单位的设定

(1) 尺寸单位选择指令 G20，G21，G22。

格式：G20、G21、G22。

说明：G20——英制输入制式；G21——公制输入制式；G22——脉冲当量输入制式。

3 种制式下，线性轴、旋转轴的尺寸单位如表 J301-4 所示。

表 J301-4　尺寸输入制式及其单位

尺寸输入制式	单位（线性轴）	单位（旋转轴）
英制（G20）	英寸	度
公制（G21）	毫米	度
脉冲当量（G22）	移动轴脉冲当量	旋转轴脉冲当量

G20、G21、G22 为模态功能，可相互注销，G21 为缺省值。

(2) 进给速度单位设定指令 G94、G95。

格式：G94 [F_]、G95 [F_]。

说明：G94——每分钟进给；G95——每转进给。G94——每分钟进给。

对于线性轴，F 的单位依 G20/G21/G22 的设定而为 mm/min、in/min 或脉冲当量/

min;对于旋转轴,F 的单位为度/min 或脉冲当量/min。G95 为每转进给,即主轴转一周时刀具的进给量。F 的单位依 G20/G21/G22 的设定而为 mm/r、in/r 或脉冲当量/r。这个功能只在主轴装有编码器时才能使用。G94、G95 为模态功能,可相互注销,G94 为缺省值。

(3) 有关坐标系和坐标的指令。

① 绝对值编程指令 G90 与相对值编程指令 G91。

格式: G90、G91。

说明:G90——绝对值编程,每个编程坐标轴上的编程值是相对于程序原点的;G91——相对值编程,每个编程坐标轴上的编程值是相对于前一位置而言的,该值等于沿轴移动的距离。

G90、G91 为模态功能,可相互注销,G90 为缺省值。G90、G91 可用于同一程序段中,但要注意其顺序所造成的差异。

【例 1】 如图 J301-1 所示,使用 G90、G91 编程,要求刀具由原点按顺序移动到 1、2、3 点。

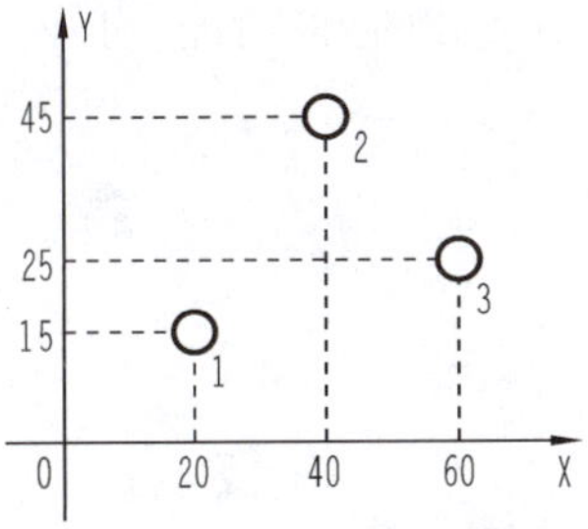

G90 编程

N	X	Y
N01	X20	Y15
N02	X40	Y45
N03	X60	Y25

G91 编程

N	X	Y
N01	X20	Y15
N02	X20	Y30
N03	X20	Y-20

图 J301-1 G90/G91 编程示例

注意:选择合适的编程方式可使编程过程简化。当图纸尺寸由一个固定基准给定时,采用绝对方式编程较为方便;而当图纸尺寸以轮廓顶点之间的间距给出时,采用相对方式编程较为方便。

② 工件坐标系设定指令 G92。

格式:G92 X_Y_Z_。

说明:X、Y、Z——设定的工件坐标系原点到刀具起点的有向距离。G92 指令通过设定刀具起点(对刀点)与坐标系原点的相对位置建立工件坐标系。工件坐标系一旦建立,绝对值编程时的指令值就是在此坐标系中的坐标值。

【例 2】 使用 G92 编程,建立如图 J301-2 所示的工件坐标系。

注意:执行此程序段只建立工件坐标系,刀具并不产生运动。G92 指令为非模态指令,一般放在一个零件程序的第一段。

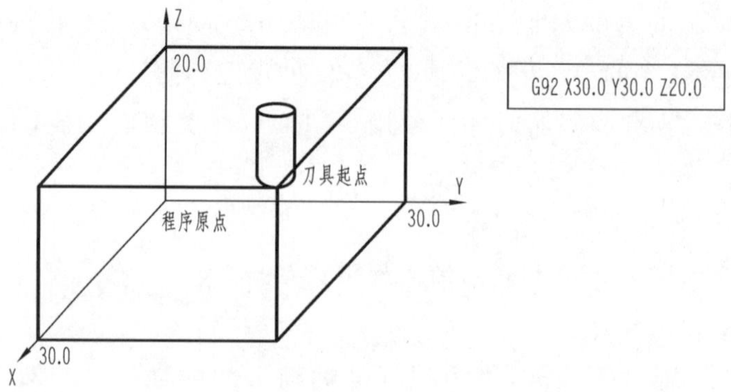

图 J301-2　工件坐标系建立示例

③ 工件坐标系选择指令 G54～G59。

格式:G54、G55、G56、G57、G58、G59。

说明:G54～G59 是系统预定的 6 个工件坐标系(如图 J301-3 所示),可根据需要任意选用。这 6 个预定工件坐标系的原点在机床坐标系中的值(工件零点偏置值)可用 MDI 方式输入,系统自动记忆。工件坐标系一旦选定,后续程序段中绝对值编程时的指令值均为相对此工件坐标系原点的值。G54～G59 为模态功能,可相互注销,G54 为缺省值。

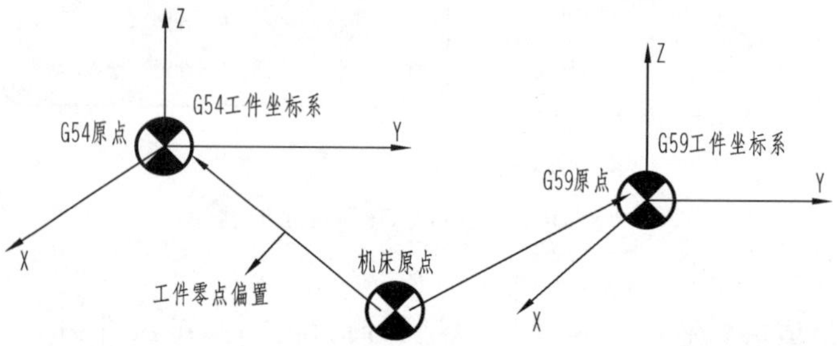

图 J301-3　工件坐标系

【例 3】 如图 J301-4 所示,使用工件坐标系编程,要求刀具从当前点移动到 A 点,再从 A 点移动到 B 点。

注意:使用该组指令前,先用 MDI 方式输入各坐标系的坐标原点在机床坐标系中的坐标值。

④ 局部坐标系设定指令 G52。

格式:G52 X_Y_Z_。

说明:X、Y、Z——局部坐标系原点在当前工件坐标系中的坐标值。G52 指令能在所有的工件坐标系(G92、G54～G59)内形成子坐标系,即局部坐标系,如图 J301-5 所

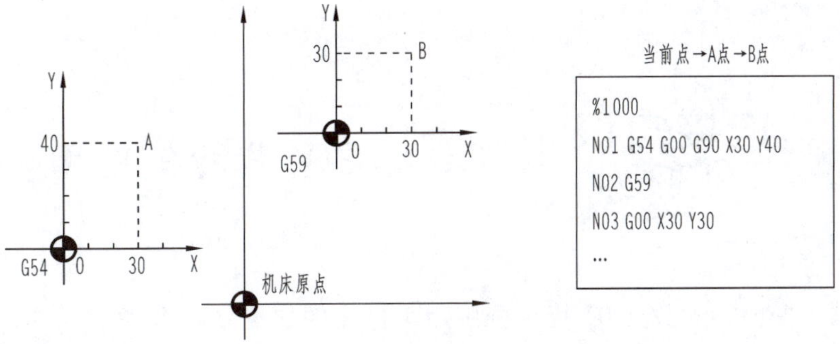

图 J301-4　工件坐标系编程示例

示。在含有 G52 指令的程序段中,绝对值编程方式的指令值就是在该局部坐标系中的坐标值。设定局部坐标系后,工件坐标系和机床坐标系保持不变。

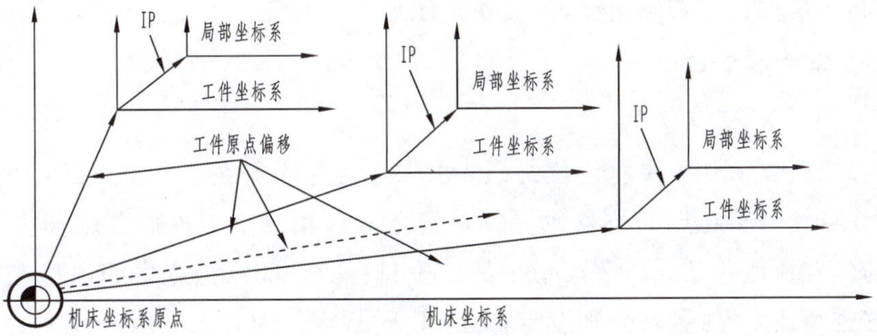

图 J301-5　局部坐标系的设定

G52 指令为非模态指令。在缩放及旋转功能下,不能使用 G52 指令,但在 G52 下能进行缩放及坐标系旋转。

⑤ 直接机床坐标系编程指令 G53。

格式:G53。

说明:G53 是机床坐标系编程指令,在含有 G53 的程序段中,绝对值编程时的指令值是在机床坐标系中的坐标值。G53 指令为非模态指令。

⑥ 坐标平面选择指令 G17、G18、G19。

格式:G17、G18、G19。

说明:G17——选择 XY 平面;G18——选择 ZX 平面;G19——选择 YZ 平面。该组指令选择进行圆弧插补和刀具半径补偿的平面。G17、G18、G19 为模态功能,可相互注销,G17 为缺省值。

注意:移动指令与平面选择无关。例如,执行指令 G17 G01 Z10 时,Z 轴照样会移动。

链接知识 J302 G00、G01指令的应用

数控铣床中的G00和G01指令分别用于机床的快速定位和加工操作。其中，G00指令主要用于快速定位，即机床在执行G00指令时，各轴以各自的速度快速移动到指定位置，常用于机床的定位、换刀、换工件等操作。在G00指令中，快移速度由机床参数“快移进给速度”对各轴分别设定，这个速度一般比G01指令中的进给速度快很多。G01指令则是直线插补指令，主要用于机床的加工操作，如铣削、钻孔等。在执行G01指令时，机床的联动直线轴会以设定的进给速度进行直线插补运动，以完成连续的切削加工。该指令需要指定切削速度，可以通过地址F来指定。

1. 快速定位指令 G00

格式：G00　X_Y_Z_A_。

说明：X、Y、Z、A——快速定位终点，在G90时为终点在工件坐标系中的坐标；在G91时为终点相对于起点的位移量。G00指令刀具相对于工件以各轴预先设定的速度，从当前位置快速移动到程序段指令的定位目标点。G00指令中的快移速度由机床参数“快移进给速度”对各轴分别设定，不能用F_规定。G00一般用于加工前快速定位或加工后快速退刀。快移速度可由面板上的快速修调按钮修正。G00为模态功能，可由G01、G02、G03或G33功能注销。

注意：在执行G00指令时，由于各轴以各自速度移动，不能保证各轴同时到达终点，因而联动直线轴的合成轨迹不一定是直线。操作者必须格外小心，以免刀具与工件发生碰撞。常见的做法是，将Z轴移动到安全高度，再放心地执行G00指令。

【例1】 如图J302-1所示，使用G00编程，要求刀具从A点快速定位到B点。

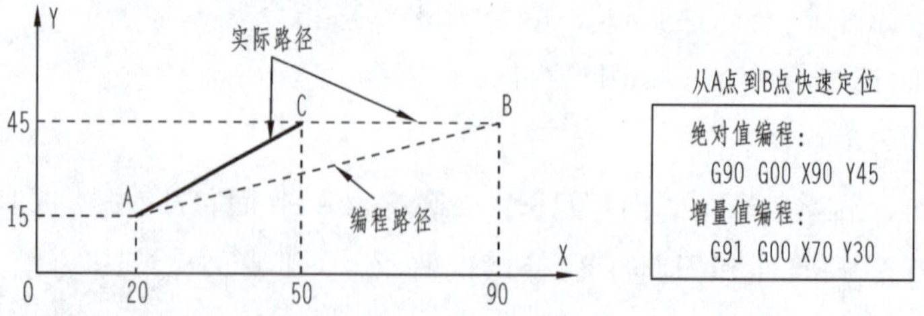

图J302-1 G00编程示例

当 X 轴和 Y 轴的快进速度相同时，从 A 点到 B 点的快速定位路线为 A→C→B，即以折线的方式到达 B 点，而不是以直线方式从 A→B。

2. 直线插补指令 G01

格式：G01 X _Y_Z_A_F_。

说明：X、Y、Z、A——线性进给终点，在 G90 时为终点在工件坐标系中的坐标；在 G91 时为终点相对于起点的位移量；F_——合成进给速度。G01 指令刀具以联动的方式，按 F 规定的合成进给速度，从当前位置按线性路线（联动直线轴的合成轨迹为直线）移动到程序段指令的终点。G01 是模态代码，可由 G00、G02、G03 或 G33 功能注销。

【例 2】 如图 J302-2 所示，使用 G01 编程，要求从 A 点线性进给到 B 点（此时的进给路线是从 A→B 的直线）。

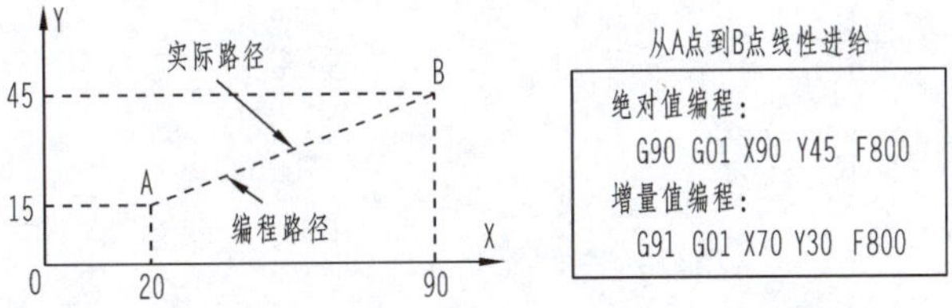

图 J302-2 G01 编程示例

链接知识 J303　G02、G03 指令的应用

在实际的机械加工过程中，经常会遇到需要加工圆形、圆弧等曲线路径的情况，这时就需要使用到圆弧插补指令。接下来将详细介绍数控编程中常用的圆弧插补指令 G02 和 G03 的格式、用法、参数设置及注意事项。

1. 圆弧(含优弧和劣弧)编程

格式：

$$G17\begin{Bmatrix}G02\\G03\end{Bmatrix}X\_Y\_\begin{Bmatrix}I\_J\_\\R\_\end{Bmatrix}F\_$$

$$G18\begin{Bmatrix}G02\\G03\end{Bmatrix}X\_Z\_\begin{Bmatrix}I\_K\_\\R\_\end{Bmatrix}F\_$$

$$G19\begin{Bmatrix}G02\\G03\end{Bmatrix}Y\_Z\_\begin{Bmatrix}J\_K\_\\R\_\end{Bmatrix}F\_$$

说明：G02——顺时针圆弧插补，如图 J303-1 所示；G03——逆时针圆弧插补，如图 J303-1 所示；G17——XY 平面的圆弧；G18——ZX 平面的圆弧；G19——YZ 平面的圆弧。X，Y，Z——圆弧终点，在 G90 时为圆弧终点在工件坐标系中的坐标；在 G91 时为圆弧终点相对于圆弧起点的位移量；I，J，K——圆心相对于圆弧起点的偏移值（等于圆心的坐标减去圆弧起点的坐标，如图 J303-2 所示），在 G90/G91 时都是以增量方式指定；R——圆弧半径，当圆弧圆心角小于 180°时，R 为正值，否则 R 为负值；F——被编程的两个轴的合成进给速度。

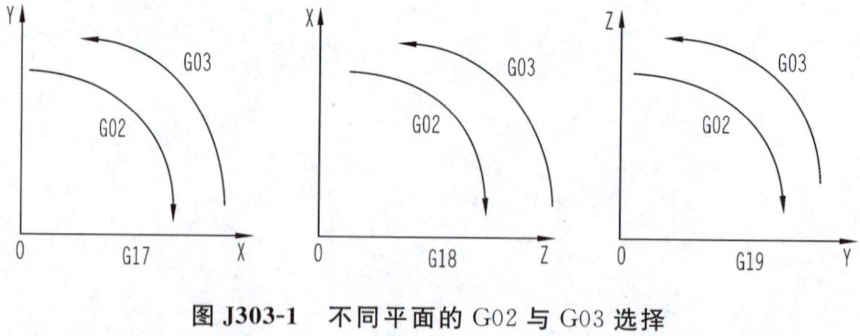

图 J303-1　不同平面的 G02 与 G03 选择

【例 1】 使用 G02 对图 J303-3 所示的劣弧 a 和优弧 b 编程。

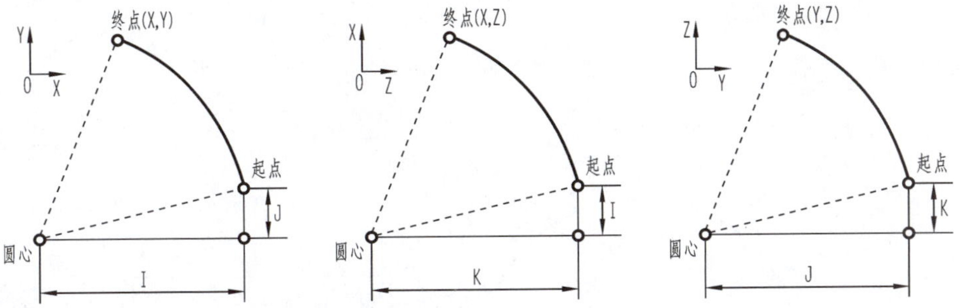

图 J303-2　I、J、K 的选择

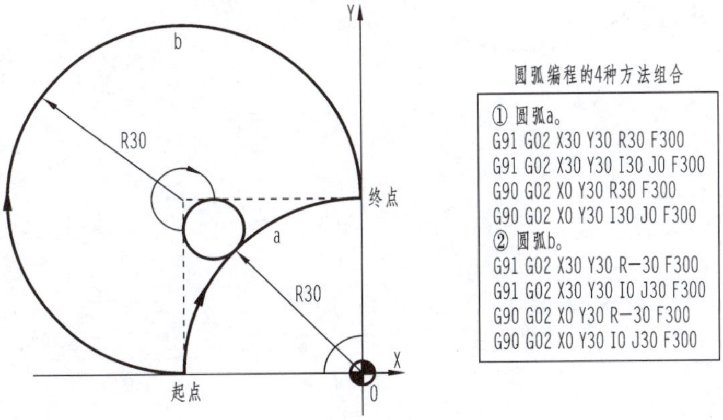

图 J303-3　圆弧编程

2. 整圆编程

顺时针或逆时针是从垂直于圆弧所在平面的坐标轴的正方向看到的回转方向；整圆编程时不可以使用 R，只能用 I、J、K；同时编入 R 与 I、J、K 时，R 有效。

格式：

$$G17\begin{Bmatrix}G02\\G03\end{Bmatrix}X\_Y\_\begin{Bmatrix}I\_J\_\\R\_\end{Bmatrix}Z\_F\_$$

$$G18\begin{Bmatrix}G02\\G03\end{Bmatrix}X\_Z\_\begin{Bmatrix}I\_K\_\\R\_\end{Bmatrix}Y\_F\_$$

$$G19\begin{Bmatrix}G02\\G03\end{Bmatrix}Y\_Z\_\begin{Bmatrix}J\_K\_\\R\_\end{Bmatrix}X\_F\_$$

说明：X、Y、Z 中由 G17/G18/G19 平面选定的两个坐标为螺旋线投影圆弧的终点，意义同圆弧进给，第三坐标是与选定平面相垂直的轴终点；其余参数的意义同圆弧进给。该指令对另一个不在圆弧平面上的坐标轴施加运动指令，对于任何小于 360°的圆弧，可附加任一数值的单轴指令。

【例 2】 使用 G02/G03 对图 J303-4 所示的整圆进行编程。

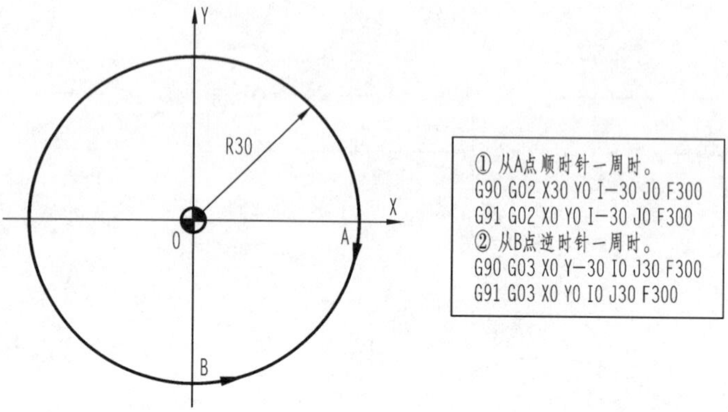

图 J303-4 整圆编程示例

【例 3】 使用 G03 对图 J303-5 所示的螺旋线进行编程。

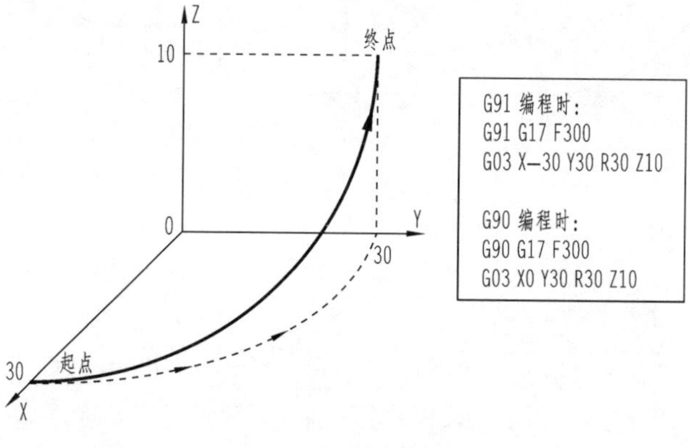

图 J303-5 螺旋线编程示例

链接知识 J304　G40、G41、G42 指令的应用

在实际的机械加工过程中，由于刀具的直径大小不同，经常需要对刀具的半径进行补偿，以保证加工出的零件尺寸精度和形状符合要求。下面将介绍数控编程中常用的刀具半径补偿指令 G40、G41 和 G42 的格式、用法、参数设置及注意事项。

格式：

$$\begin{Bmatrix} G17 \\ G18 \\ G19 \end{Bmatrix} \begin{Bmatrix} G40 \\ G41 \\ G42 \end{Bmatrix} \begin{Bmatrix} G00 \\ G01 \end{Bmatrix} X\_Y\_\ Z\_D\_$$

说明：G40——取消刀具半径补偿；G41——左刀补（在刀具前进方向左侧补偿），如图 J304-1(a)所示；G42——右刀补（在刀具前进方向右侧补偿），如图 J304-1(b)所示；G17——刀具半径补偿平面为 XY 平面；G18——刀具半径补偿平面为 ZX 平面；G19——刀具半径补偿平面为 YZ 平面；X，Y，Z——G00/G01 的参数，即刀补建立或取消的终点（注意：投影到补偿平面上的刀具轨迹受到补偿）；D——G41/G42 的参数，即刀补号码（D00～D99），它代表了刀补表中对应的半径补偿值。G40、G41、G42 都是模态代码，可相互注销。

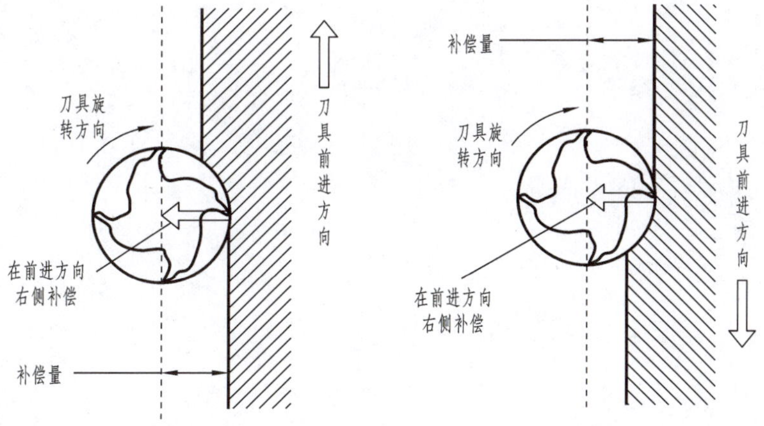

图 J304-1　刀具补偿方向

注意：①刀具半径补偿平面的切换必须在补偿取消方式下进行；②刀具半径补偿的

建立与取消只能用 G00 或 G01 指令，不能用 G02 或 G03 指令。

【例】 考虑刀具半径补偿，编制图 J304-2 所示零件的加工程序：要求建立如图 J304-2 所示的工件坐标系，按箭头所指示的路径进行加工，设加工开始时刀具距离工件上表面 50 mm，切削深度为 10 mm。

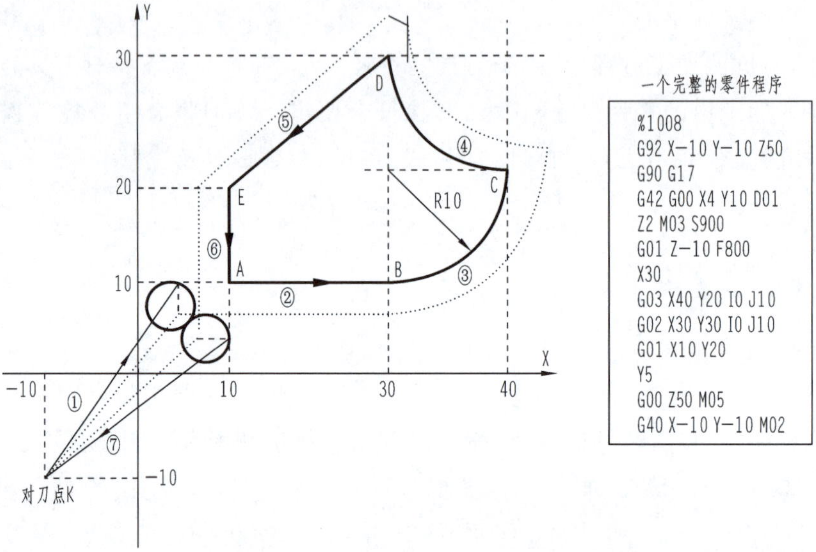

图 J304-2　刀具半径补偿编程

注意：① 加工前应先用手动方式对刀，将刀具移动到相对于编程原点（−10，−10，50）的对刀点处；② 图 J304-2 中带箭头的实线为编程轮廓，不带箭头的虚线为刀具中心的实际路线。

链接知识 J305 G43、G44、G49 指令的应用

在实际的机械加工过程中，由于刀具的长度不同，经常需要对刀具的长度进行补偿，以保证加工出的零件尺寸精度和形状符合要求。接下来将详细介绍数控编程中常用的刀具长度补偿指令 G43、G44 和 G49 的格式、用法、参数设置及注意事项。

通常编程时的长度与实际使用的刀具的长度不一定相等，它们之间有一个差值。为了操作及编程方便，可以将该差值存储于 CNC 的刀具偏置存储器中，然后用刀具长度补偿代码补偿该差值。这样，即使使用不同长度的刀具进行加工，只要知道该刀具与编程 使用的刀具长度之间的差值，就可以在不修改加工程序的前提下进行正常加工，如图 J305-1 所示。

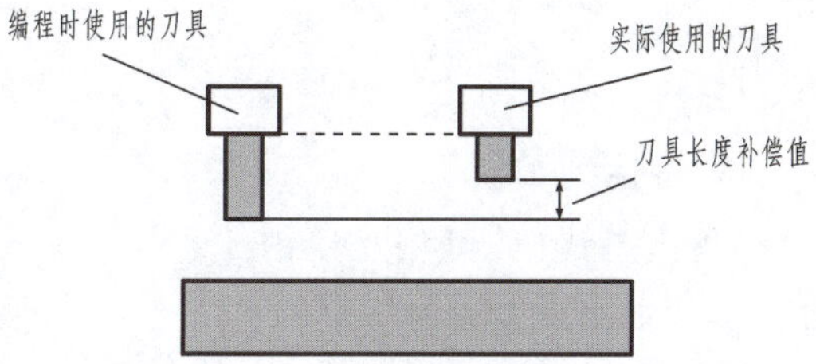

图 J305-1　刀具长度补偿示意图

根据可以进行刀具长度补偿的轴的种类，可选择如下三种刀具长度补偿方法。

(1) 刀具长度补偿 A，补偿沿基本 Z 轴方向的刀具长度值。

(2) 刀具长度补偿 B，补偿所选平面的垂直方向的刀具长度值。

(3) 刀具长度补偿 C，补偿沿指定轴方向的刀具长度值。

刀具补偿格式如表 J305-1 所示。

表 J305-1　刀具补偿格式

类型	格式
刀具长度补偿 A	G43/G44 Z_H_
刀具长度补偿 B	G17 G43/G44 Z_H_ G18 G43/G44 Y_H_ G19 G43/G44 X_H_

续表

类型	格式
刀具长度补偿 C	G43/G44 X_H_ G43/G44 Y_H_ G43/G44 Z_H_
刀具长度补偿取消	G49

说明:刀具长度补偿由 G43 和 G44 指令指定。G43——刀具长度正向补偿(将刀具长度补偿值加到刀轴方向的理论位置上;G44——刀具长度负向补偿(在刀轴方向的理论位置上减去刀具长度补偿值);G17——XY 平面选择;G18——ZX 平面选择;G19——YZ 平面选择;H——刀具长度补偿量在刀补表中的编号。

注意以下几点。

(1) 刀具长度补偿方向总是垂直于 G17/G18/G19 所选平面。

(2) 偏置号改变时,新的偏置值并不加到旧偏置值上。例如:

H1:刀具长度补偿量 20.0;

H2:刀具长度补偿量 30.0;

G90 G43 Z100 H01;(Z 将达到 120)

G90 G43 Z100 H02;(Z 将达到 130)

(3) G43、G44、G49 都是模态代码,可相互注销。

(4) G49 后不跟刀补轴移动是非法的。

链接知识 A604 零件图上的技术要求

零件图上的技术要求指对零件的尺寸精度、零件表面状况等产品品质的要求，它直接影响零件的质量。

在零件图上，通过标注技术要求的代号、数字、文字，指导在制造和检验时，零件在技术上、指标上应达到的要求。

1. 表面结构要求及其注法

（1）表面结构的概念。

为了保证零件的使用性能，在机械图样中需要对零件的表面结构给出要求。表面结构就是由粗糙度轮廓、波纹度轮廓和原始轮廓构成的零件表面特征。

（2）评定表面结构的参数。

评定零件表面结构的参数有轮廓参数、图形参数和支承率曲线参数。其中，轮廓参数分为三种：R 轮廓参数（粗糙度参数）、W 轮廓参数（波纹度参数）和 P 轮廓参数（原始轮廓参数）。机械图样中，常用表面粗糙度参数 Ra 和 Rz 作为评定表面结构的参数。

① 轮廓算术平均偏差 Ra，它是在取样长度 L_r 内，纵坐标 Z(X)（被测轮廓上的各点至基准线 X 的距离）绝对值的算术平均值，如图 A604-1 所示。

② 轮廓最大高度 Rz，它是在一个取样长度内，最大轮廓峰高与最大轮廓谷深之和，如图 A604-1 所示。

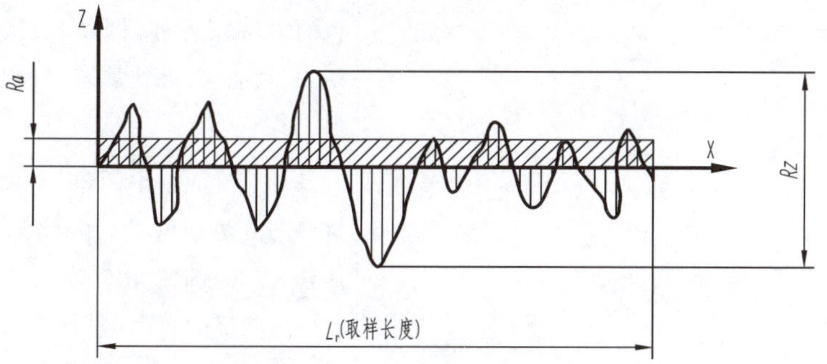

图 A604-1　Ra、Rz 参数示意图

（3）表面结构参数的选用。

可以采用类比法选用零件表面的粗糙度，一般的原则如下。

同一个零件上，工作表面的粗糙度参数值应小于非工作表面的粗糙度参数值；配合表面的粗糙度参数值应小于非配合表面的粗糙度参数值；运动速度快、单位压力大的摩擦表面的粗糙度参数值应小于运动速度慢、单位压力小的摩擦表面的粗糙度参数值；要求密封、耐腐蚀或具有装饰性的表面的粗糙度参数值，应小于非要求密封、耐腐蚀或具有装饰性的表面的粗糙度参数值。

常用表面结构 *Ra* 值与加工方法见表 A604-1。

表 A604-1　常用表面结构 *Ra* 值与加工方法

表面特征	表面粗糙度 *Ra* 值/μm	常用加工方法举例
明显可见刀痕	100　50　25	粗车、粗刨、粗铣、钻孔
微见刀痕	12.5　6.3　3.2	精车、精刨、精铣、粗铰、粗磨
微辨加工方向	1.6　0.8　0.6	精车、精磨、精铰、研磨
暗光泽面	0.2　0.7　0.05	研磨、珩磨、超精磨

(4) 表面结构代(符)号及其注法。

① 表面结构代号。

表面结构代号由表面结构符号、表面结构参数和其他有关数值组成。粗糙度符号是由基本符号添加图线构成的。表面结构的图形符号及其意义见表 A604-2。

表 A604-2　表面结构的图形符号及其意义

符号名称	符号	意义及说明
基本图形符号	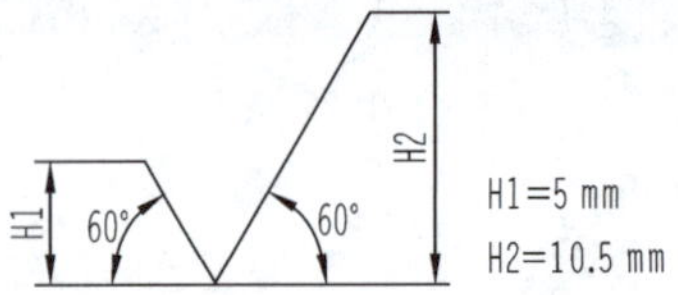	基本符号，表示表面可用任何方法获得。当不加注粗糙度参数值或有关说明时，仅适用于简化代号标注
扩展图形符号		基本符号加一短画，表示表面是用去除材料的方法获得的，例如车、铣、钻、磨、剪切、抛光、腐蚀、电火花加工、气割等。可称其为加工符号
		基本符号加一小圆，表示表面是用不去除材料的方法获得的，例如铸、锻、冲压变形、热轧、冷轧、粉末冶金等。或者是用于保持原供应状况的表面(包括保持上道工序的状况)。可称其为毛坯符号
完整图形符号	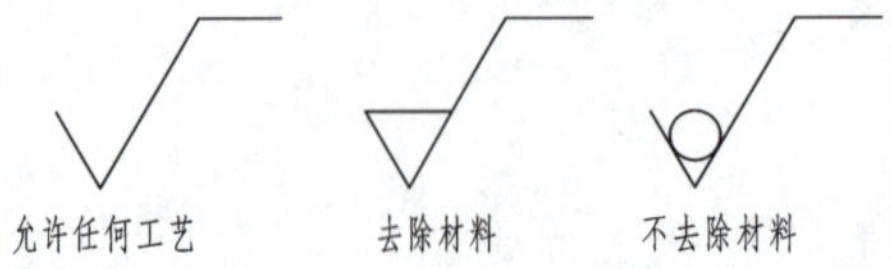	在上述三种类别符号的长边上均可加一横线，用于标注有关参数和说明

② 表面结构要求在图样上的注法。

a. 在同一图样上，每一表面只注一次粗糙度代号，且应注在可见轮廓线、尺寸界线、引出线或它们的延长线上，并尽可能靠近有关尺寸线。

b. 在不同方向的表面上标注时，代号中的数字及符号的方向必须按图 A604-2 所示的规定标注。代号中的数字方向应与尺寸数字的方向一致。在两个 30°角的特殊区域，用引出线水平标注粗糙度代号。

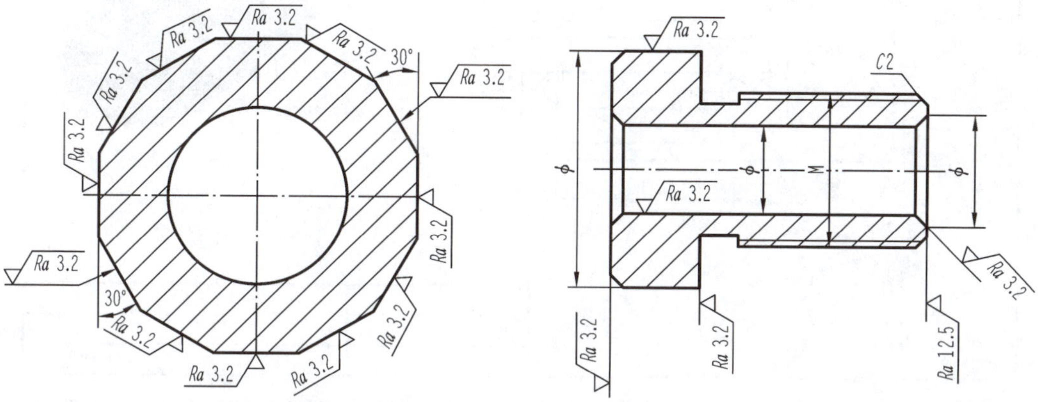

(a) 表面结构代号中数字的方向　　(b) 表面结构要求在图样上的注法

图 A604-2　表面结构的注法

c. 当零件大部分表面具有相同的粗糙度要求时，对其中使用最多的一种代（符）号，可统一标注在标题栏附近，如图 A604-3 所示。

2. 极限与配合

(1) 极限与配合的基本概念。

① 零件的互换性。

对于同一批零件，不经挑选和辅助修配，任取一个就可顺利地装到机器上，并能满足机器的设计和使用性能要求，零件的这种在尺寸上与功能上可以相互代替的性质称为互换性。零件所具有的互换性，不仅能组织大规模的专业化生产，而且可以提高产品质量、降低成本和便于维修。标准化是互换性的保证，极限与配合是保证零件具有互换性的重要标准。

对有关极限与配合的术语和定义，以及相关的名词和代号等作简要说明如下。

② 尺寸与尺寸极限（以图 A604-4 所示的圆柱尺寸为例）。

基本尺寸——设计时确定的尺寸（ϕ50）。

实际尺寸——零件制成后实际测得的尺寸。

极限尺寸——允许零件实际尺寸变化的两个界限值。

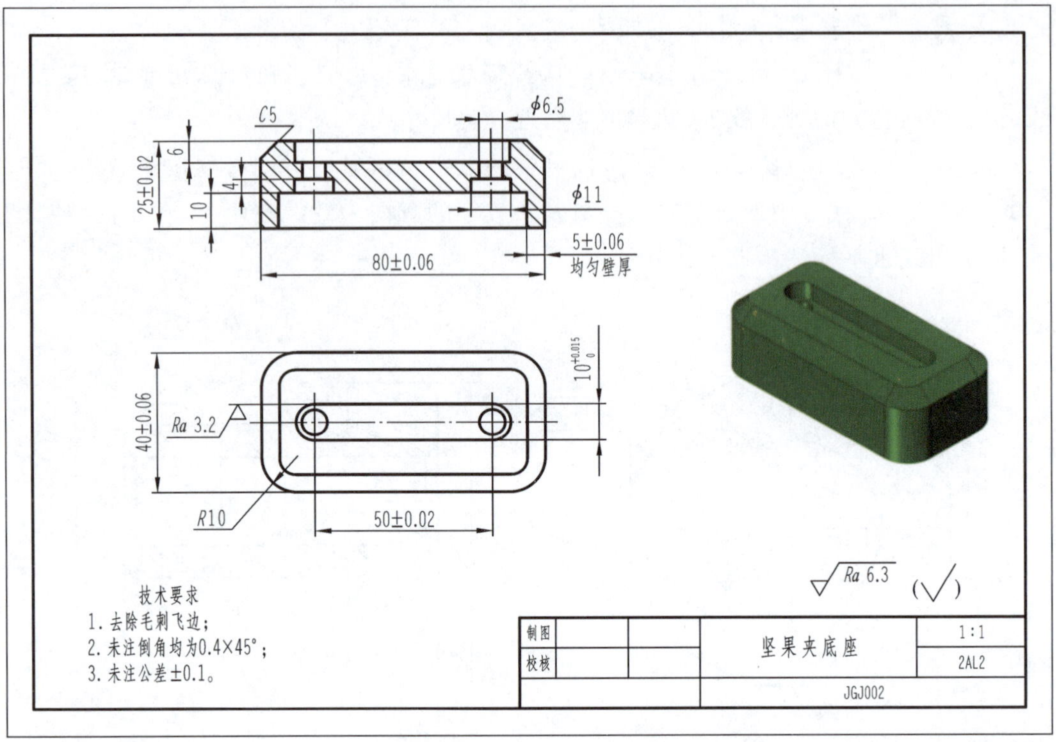

图 A604-3　粗糙度标注示例

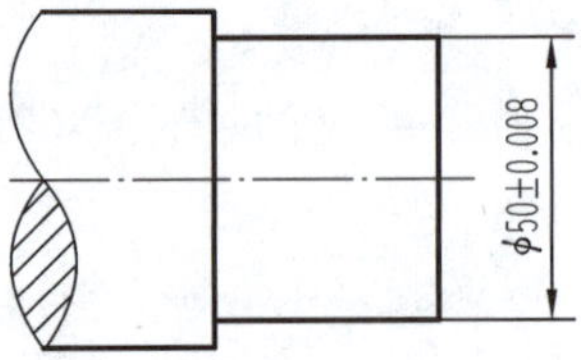

图 A604-4　圆柱尺寸

最大极限尺寸——允许实际尺寸的最大值(ϕ50.008)。

最小极限尺寸——允许实际尺寸的最小值(ϕ49.992)。

零件合格的条件：最大极限尺寸≥实际尺寸≥最小极限尺寸。

③ 尺寸偏差和尺寸公差。

上偏差＝最大极限尺寸－基本尺寸，孔和轴的上偏差分别记为 ES 和 es。

下偏差＝最小极限尺寸－基本尺寸，孔和轴的下偏差分别记为 EI 和 ei。

上偏差和下偏差统称为极限偏差，孔用大写字母 ES 和 EI 表示，轴用小写字母 es 和 ei 表示。

尺寸公差(简称公差)指允许实际尺寸的变动量：

公差＝最大极限尺寸－最小极限尺寸＝上偏差－下偏差

由以上偏差、公差的计算公式可得出：偏差的数值可正可负，公差的数值一定恒为正。

④ 公差带及公差带图。

公差带是公差的范围区域，用以表示公差的大小范围。公差带图则包含两项内容，不仅有公差带的范围区域，还示意出公差范围区域的方位。即公差带图直观地表示出公差的大小及公差带相对于零线的位置，如图 A604-5 所示，该图表示了三个尺寸的公差带图。

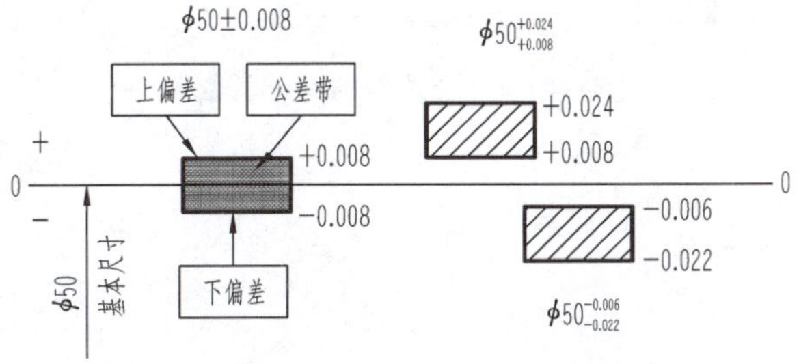

图 A604-5　公差带表示法

第一个尺寸的极限偏差有正有负，其公差带上下对称地落在零线上；第二个尺寸的极限偏差均为正值，其公差带位于零线上方；第三个尺寸的极限偏差均为负值，故其公差带位于零线下方。

(2) 标准公差和基本偏差。

为便于生产，实现零件的互换性及满足不同的使用要求，国家标准《极限与配合》规定了公差带由标准公差和基本偏差两个要素组成。标准公差确定公差带的区域大小，而基本偏差确定公差带相对于零线的位置。

① 标准公差(IT)。

标准公差的数值由基本尺寸和公差等级来决定。其中，公差等级确定尺寸精确程度。标准公差分为 20 个级别，即 IT01、IT0、IT1～IT18。其中，IT01 的尺寸精确度最高，IT18 的尺寸精度最低。

② 基本偏差。

基本偏差是指在标准的极限与配合中，确定公差带相对零线位置的那个极限偏差。它可以是上偏差或下偏差，一般指靠近零线的那个偏差。当公差带位于零线的上方时，基本偏差为下偏差；当公差带位于零线的下方时，基本偏差为上偏差；总之是靠近零线的那个偏差，如图 A604-6 所示。

基本偏差系列图确定了孔和轴的公差带位置，如图 A604-7 所示，孔的基本偏差 A～H 为下偏差，J～ZC 为上偏差；轴的基本偏差 a～h 为上偏差，j～zc 为下偏差；其中，H 和 h 都挨着零线，前者被称为基准孔的下偏差为零，后者被称为基准轴的上偏差为零。JS 与 js 的公差带对称分布于零线两边，孔和轴的上、下偏差均为 +IT/2、−IT/2。基本偏差系列图仅表示公差带的位置，并没有确切的公差数值大小的信息。因此，图中所有的公差带有一端为开口，表示公差等级不定。若要得出确切数值，必须首先确定标准公

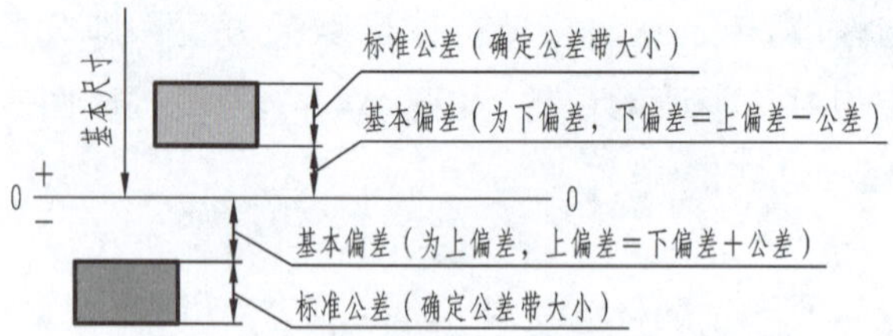

图 A604-6　公差带的大小及位置

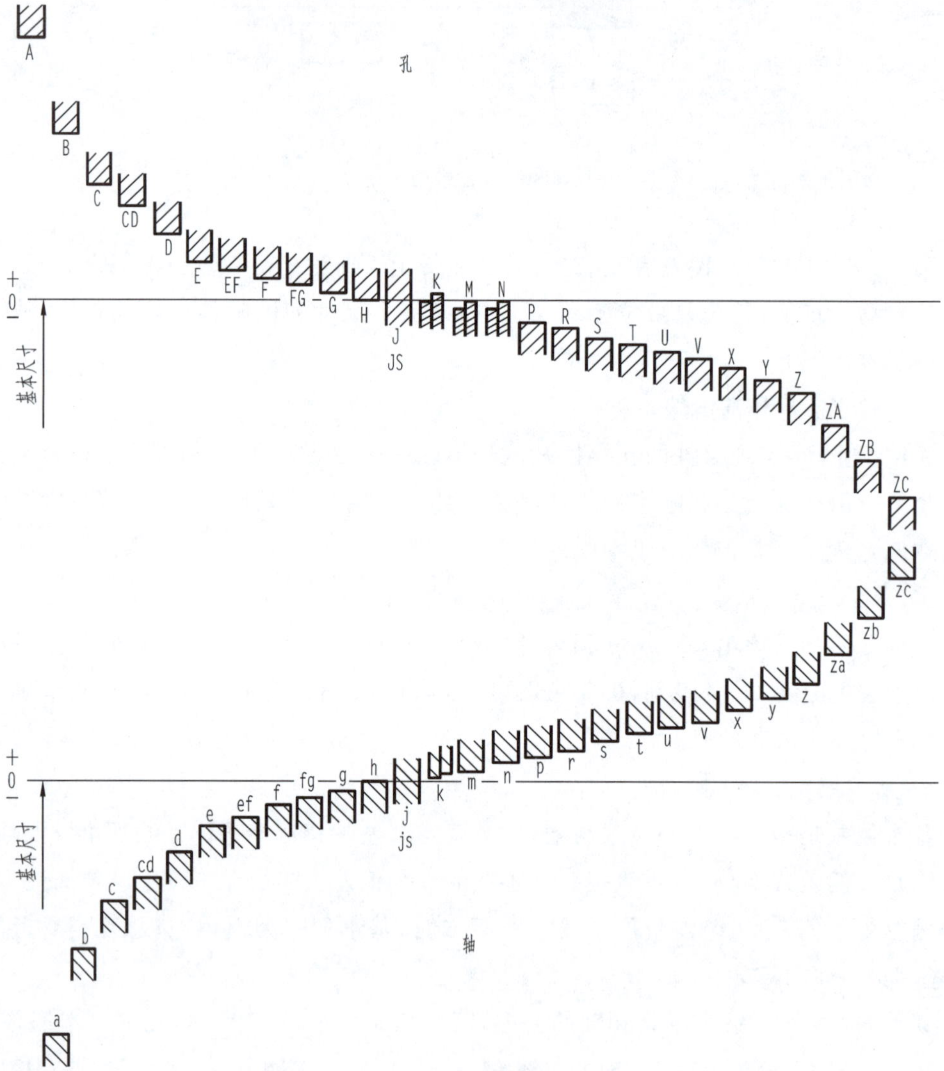

图 A604-7　基本偏差系列

差的等级(根据零件的功能),再依据等级查表确定具体的公差数值。根据尺寸公差的定义,基本偏差和标准公差的计算式为

$$ES=EI+IT \quad 或 \quad EI=ES-IT$$

$$es=ei+IT \quad 或 \quad ei=es-IT$$

③ 公差带代号。

孔和轴的公差带代号由基本偏差代号和标准公差等级代号组成。基本偏差代号决定公差带的位置，标准公差等级代号决定公差带的大小，如图 A604-8 所示，ϕ12H8 中的“H 8”表示孔的公差带代号，其中，“H”表示孔的基本偏差代号，“8”表示孔的标准公差等级代号。而 ϕ20f7 中的“f7”表示轴的公差带代号，其中，“f ”表示轴的基本偏差代号，“7”表示轴的标准公差等级代号。

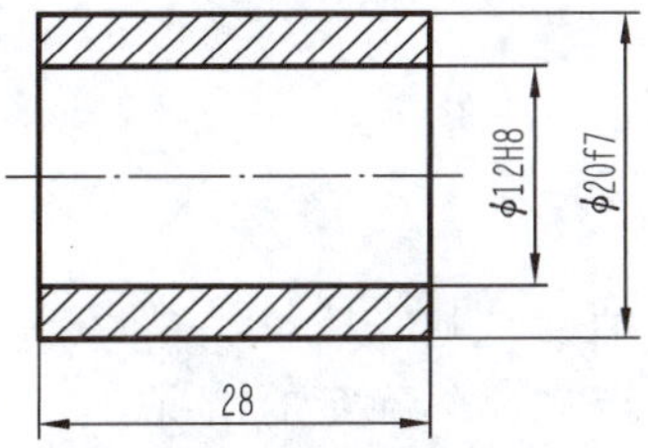

图 A604-8　基本尺寸与公差带代号

例如，可查表得出以下结论。

a. ϕ12H8，基本尺寸为 ϕ12，标准公差等级为 8，IT8＝0.027；基本偏差代号 H 的下偏差为 0，由计算公式 ES ＝EI ＋IT ，上偏差 ES ＝0＋0.027＝0.027，有

$$\phi 12H8=\phi 12^{0.027}_{+0.000}$$

b. ϕ20f7，基本尺寸为 ϕ20，标准公差等级为 7，公差 IT7＝0.021；基本偏差代号 f 的上偏差 es ＝ －0.002，由计算公式 ei ＝ es － IT，下偏差 ei ＝ －0.002 －0.021 ＝ －0.023，有

$$\phi 20f7=\phi 20^{-0.002}_{-0.023}$$

3. 极限与配合在图样上的注法

(1) 极限在零件图中的标注。

① 在基本尺寸后注出公差带代号(基本偏差字母代号和标准公差等级数字代号)，如图 A604-9 所示。直接标注公差带代号的优势在于配合精度明确，标注简单。但数值不直观，适用于量规检测的尺寸。

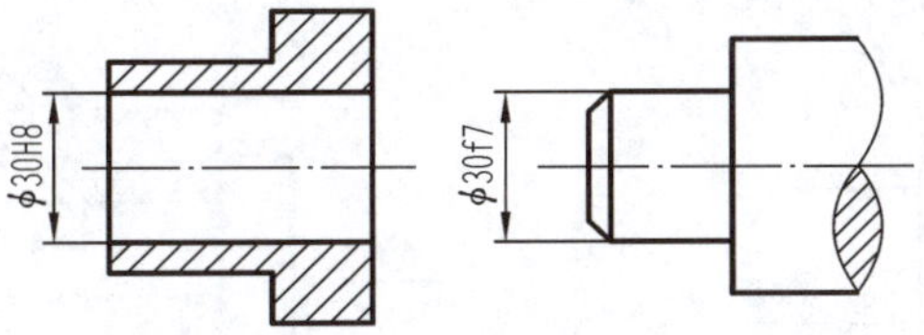

图 A604-9　标注公差带代号

② 直接注出基本尺寸及上、下偏差值(常用方法)，如图 A604-10 所示。该标注方式的数值直观，便于用万能量具检测，便于读数。试制单件及小批生产用此法较多。

③ 在基本尺寸后注出公差带代号的同时还注出上、下偏差值，偏差值的标注要加

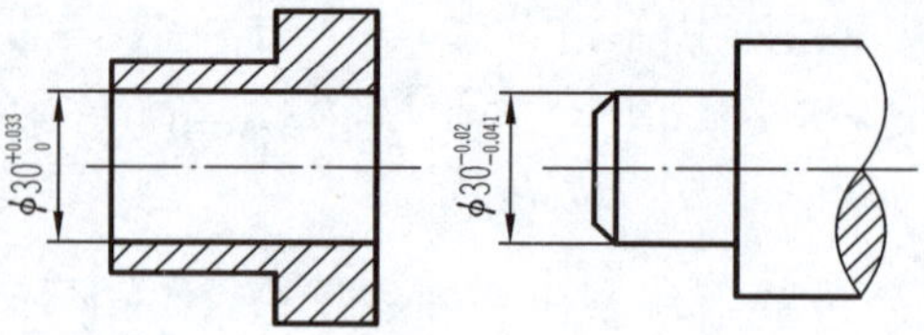

图 A604-10　标注上、下偏差值

上括号，如图 A604-11 所示。此方式既有明确的配合精度又有直观的公差数值，适用于生产规模不确定的情况。

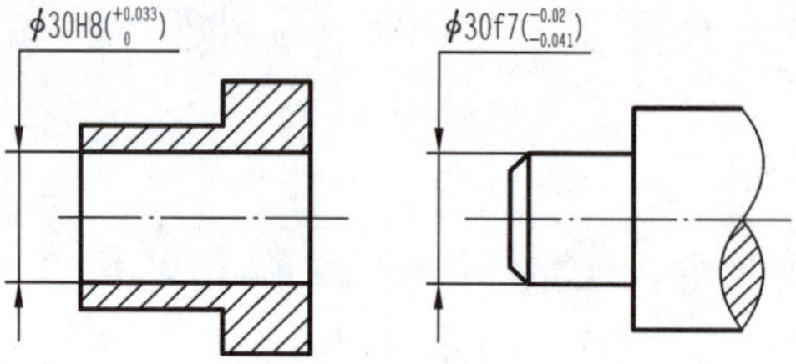

图 A604-11　混合标注

（2）在装配图中配合的标注。

标注形式为

$$基本尺寸\frac{孔的公差带代号}{轴的公差带代号}\quad \phi 30\,\frac{H8}{f7}\quad \phi 40\,\frac{H7}{n6}$$

如图 A604-12 所示，两个配合尺寸采用基孔制配合，分子为基准孔的公差带代号。$\phi 30\,\frac{H8}{f7}$为轴与轴套的基孔制间隙配合，$\phi 40\,\frac{H7}{n6}$为轴套与箱体的基孔制过渡配合。

如图 A604-13 所示的两个配合尺寸，采用基轴制配合，分母为基准轴的公差带代号。

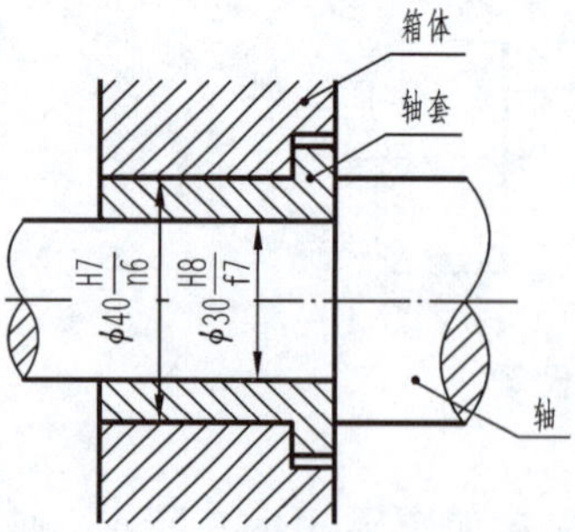

图 A604-12　基孔制的配合标注

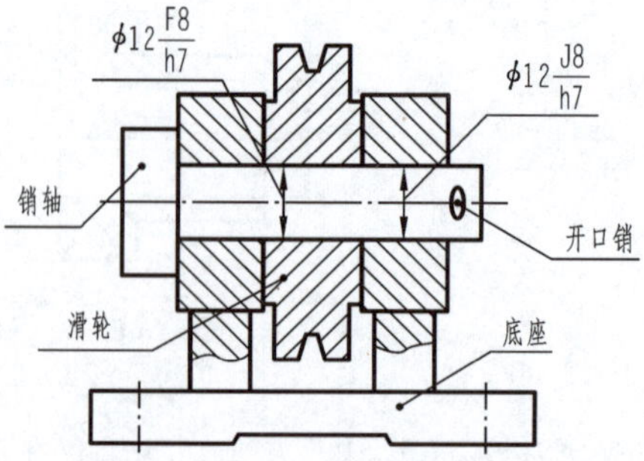

图 A604-13　基轴制的配合标注

链接知识 A605 零件的工艺结构

零件的结构形状主要是根据它在机器(或部件)中的功能决定的,同时制造工艺对零件的结构也提出了要求。因此,在设计零件时,零件图上应反映加工工艺对零件结构的各种要求。下面介绍零件的一些常见结构。

1. 铸造工艺对零件结构的要求

(1) 铸造圆角。

当零件的毛坯为铸件时,因铸造工艺的要求,铸件各表面相交的转角处都应做成圆角,以免铸件冷却时产生缩孔或裂纹,同时防止脱模时砂型落砂,如图 A605-1 所示。铸造圆角的半径一般取 $R=3\sim5$(mm),通常在技术要求中统一注明。

铸造圆角的存在,使得铸件表面的相贯线变得不明显,为了区分不同表面,将其以过渡线的形式画出,如图 A605-2 所示。

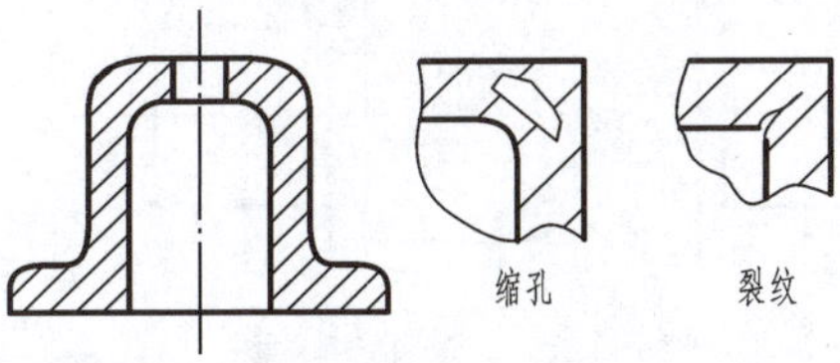

图 A605-1 铸造圆角

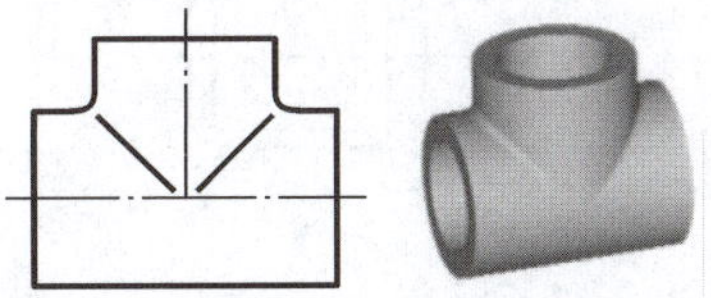

图 A605-2 过渡线

(2) 拔模斜度。

用铸造的方法制造零件的毛坯时,为了便于在砂型中取出模样,铸件在内外壁沿起模方向应有斜度,称为拔模斜度,如图 A605-3 所示。当斜度较大时,应在图中表示出来,否则不予表示。

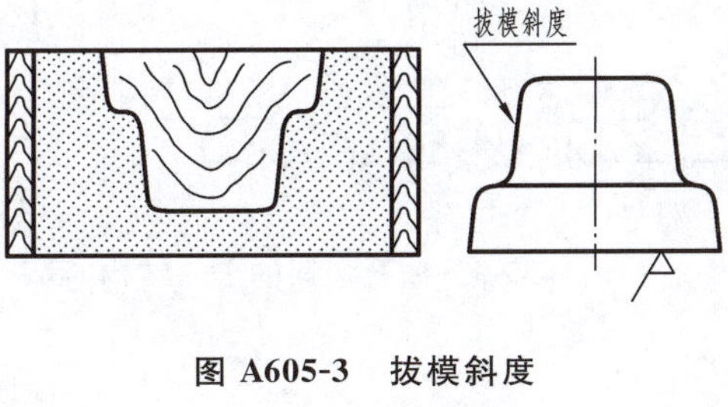

图 A605-3 拔模斜度

(3) 铸件厚度。

如果铸件的壁厚不均匀，在浇筑铸件后，因各处金属冷却速度不同，将产生裂纹和缩孔现象，如图 A605-4(a)所示。因此，铸件的壁厚应尽量均匀，如图 A605-4(b)所示；当必须采用不同的壁厚连接时，应采用逐渐过渡的方式，如图 A605-4(c)所示。

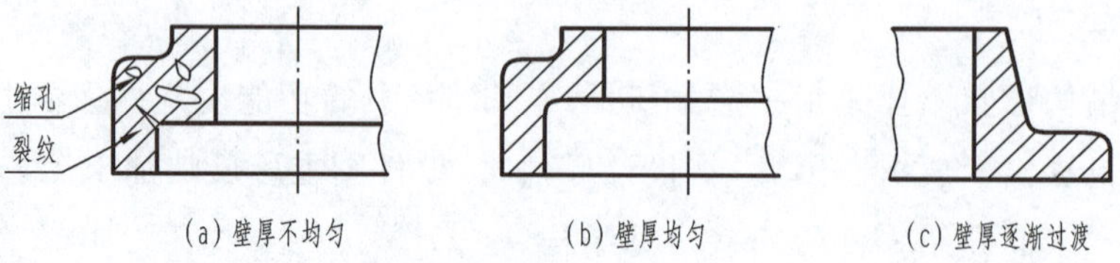

图 A605-4　铸件厚度

2. 机械加工工艺对零件结构的要求

(1) 退刀槽和砂轮越程槽。

在零件切削加工时，便于退出刀具。在部件的装配中，起到零件的轴向定位作用，如图 A605-5 所示。图中，ϕ 表示退刀槽的直径，b 表示退刀槽的槽宽。

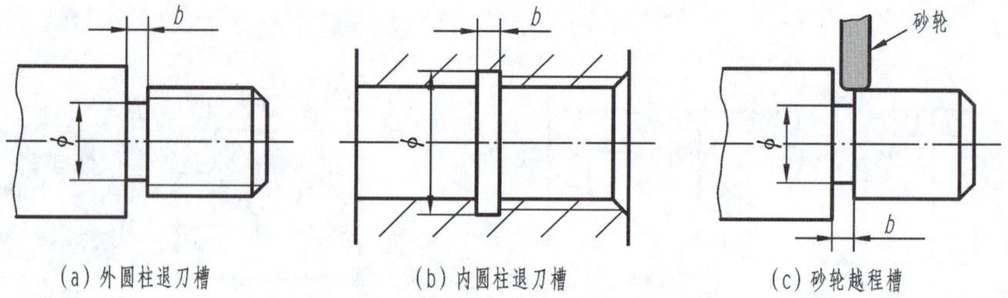

图 A605-5　退刀槽和砂轮越程槽

(2) 钻孔端面。

零件的某个部位需要钻孔时，要求钻头轴线尽量垂直于被钻孔的端面，以便保证钻孔的定位准确，避免钻孔偏斜和钻头折断，图 A605-6 展示了三种正确的钻孔端面结构。

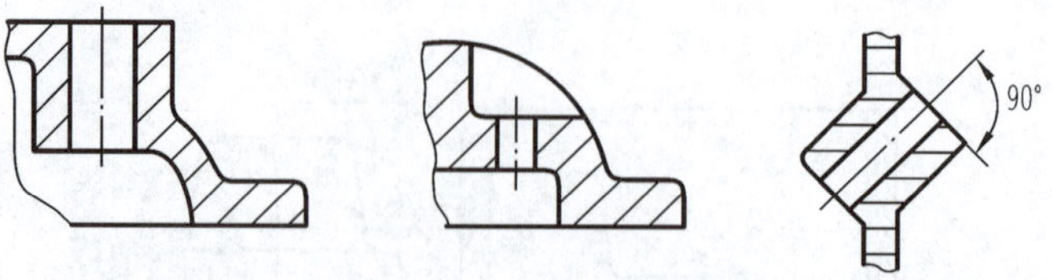

图 A605-6　钻孔端面的工艺结构

（3）凸台和凹坑。

零件上的工作面（与其他零件接触的接触面），一般都是加工面（有粗糙度标注的表面即为加工面）。如果加工面的面积范围较广，零件的加工成本就较高。为了既能减少机械加工量，又能保证零件表面之间良好的接触性，通常在铸件上设计出凸台和凹坑，仅对这些凸台和凹坑作小面积的加工，以减少加工面积，降低加工成本，如图 A605-7 所示。

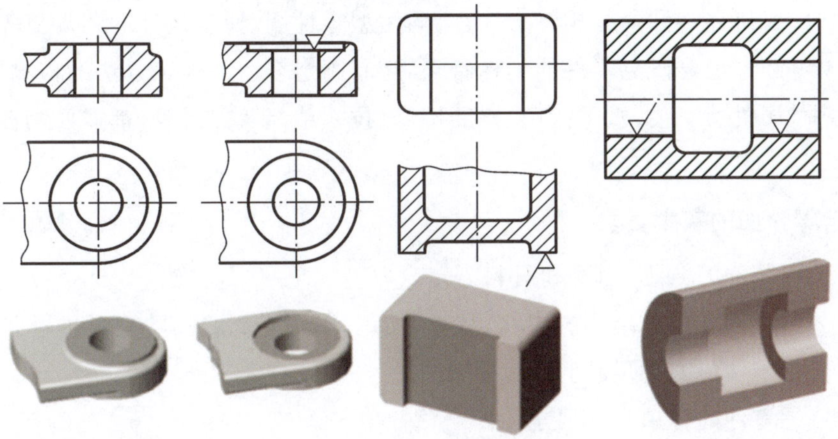

(a) 凸台　　(b) 凹坑　　(c) 凹槽　　(d) 凹腔

图 A605-7　凸台和凹坑

链接知识 A606 读零件图

在设计、制造机械的实际工作中，读图是一项非常重要的、复杂的技术工作。例如设计零件时，要研究零件的结构特点，参考同类型零件图，使所设计的零件更先进合理。生产制造零件时，也要研究零件的结构特点，为其制定合适的加工方法的检测手段。在其他工作中，如机器安装、机器使用、机器维修、技术革新及交流等，都需要阅读图样、研究图样。

1. 读零件图的基本要求

(1) 读出零件的名称、用途和材料。

(2) 分析零件各部分结构的形状、特点、功用，以及它们之间的相对位置和作用。

(3) 分析零件的各类尺寸和尺寸基准。

(4) 熟悉零件的各项技术要求。

综合以上信息，形成对零件的整体认识。

2. 读零件图的方法和步骤

(1) 先看标题栏，做大概了解。

首先了解图中零件的名称、材料、绘图比例等内容，初步浏览视图，大概了解零件的用途和形貌特征。

(2) 分析视图。

查看零件图样的表达方法，看懂零件的结构和形状。一般先采用形体分析等方法，结合零件常用结构的功能，先从主视图入手，借助视图间的投影对应关系，逐个弄清零件各组成部分的结构形状和相互位置关系，想象出零件的主要结构。对于一些不容易看懂的复杂形状和结构，可运用线面分析法进行投影分析，最后想象出整个零件的结构形状。

(3) 分析尺寸和技术要求。

有了对零件形体结构的认识，接下来还需要对其大小尺寸做整体分析。找出零件长、宽、高三个方向的主要尺寸基准及辅助基准，然后从基准开始，确定零件的主要尺寸，结合形体分析法确定各部分的定形尺寸和定位尺寸。

(4) 归纳总结，综合想象。

综合前面的分析了解，将视图、尺寸和技术要求等信息系统地归纳起来，参阅相关资料，综合想象出零件的整体结构、尺寸大小、技术要求及零件的功用等完整的全貌。

必须指出的是，读零件图是一个十分复杂的思考过程。在具体的读图过程中，需要灵活运用上述方法和步骤。对于一些较复杂的零件图，往往还要参考有关技术资料，如参阅相关的转配图，相关的说明书等，帮助阅读难点，攻克难关。同时，读图还需要平时多方面的知识积累。

链接知识
A606

链接知识 A607 简单零件图的测绘

零件测绘是实际生产中的重要工作之一，也是工程技术人员必须掌握的制图技能。零件测绘是对零件实物进行测量、绘图、确定技术要求的过程。测绘的目的是仿造、修配、技术改造等。测绘过程与步骤为：通过徒手目测，快速画出零件的草图，然后借助测量工具测出完整的尺寸，并在草图上注全尺寸及技术要求，最后参考有关资料整理绘制出供生产使用的零件工作图。

1. 画零件的测绘草图

零件草图虽然命名为草图，但不是说就可以潦草做事，零件草图应包括零件图上所要求的全部内容。画草图的要求是：视图和尺寸完全、线型分明、字体清楚、图面整齐、技术要求齐备，必须有图框、标题栏等全部内容，但零件草图无须严格按比例绘制，也无须用仪器绘制，要求在最短的时间内完成作图。之所以这样要求，是因为在根据草图画零件图时，往往不在现场，或已看不到零件。零件草图是一项重要的原始资料，草图若画得不好，就会给后续画零件图带来很大困难，甚至无法进行工作。

2. 零件上尺寸的测量方法

（1）常用测量工具。

测量零件尺寸时，由于零件的复杂程度和精度要求不同，需要使用多种不同的测量工具和仪器，才能比较准确地确定零件上各部分的尺寸。这里仅介绍几种常见的测量工具，如钢直尺、游标卡尺、内卡钳、外卡钳、千分尺等，如图 A607-1 所示，供学习测绘草图时参考。

（2）测量尺寸的方法。

在测绘零件时，正确测量零件上各部分的尺寸，对确定零件的形状大小是非常重要的，在实际工作中，使用的测量工具、仪器及测量方法很多，这里仅介绍几种常用的方法。

① 测量直线尺寸。

对于直线尺寸，通常用钢直尺或游标卡尺直接量取，如图 A607-2 所示。

② 测量回转体的内、外直径。

用外卡钳测量外径，外卡钳应与被测量零件的轴线垂直；用内卡钳测量内径，内卡钳应沿轴线方向放入，然后轻松转动，量出的最大尺寸即为内孔直径的尺寸。用卡钳工

(a) 钢直尺

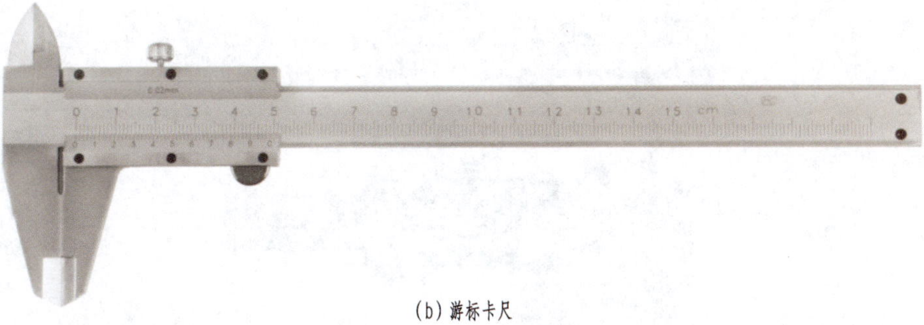

(b) 游标卡尺

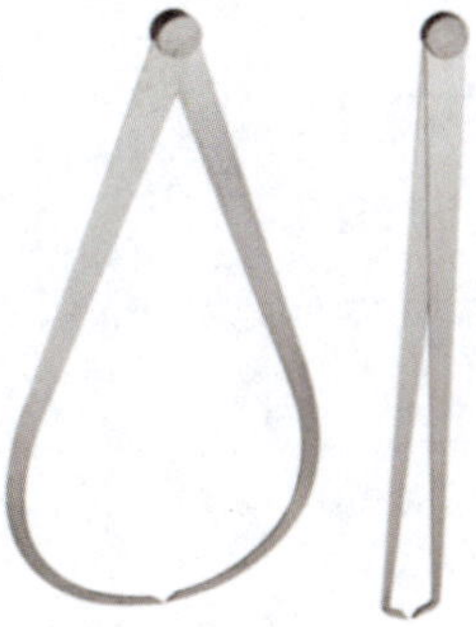

(c) 内卡钳、外卡钳

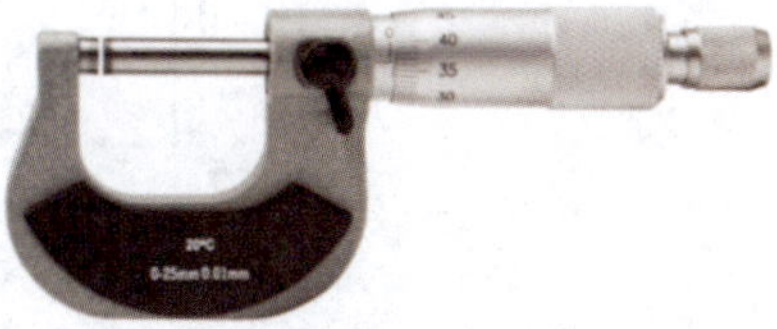

(d) 千分尺

图 A607-1　常用测量工具

具进行测量操作时，还需要再用钢皮尺量出其数值。若用游标卡尺测量内、外径，则可直接读出尺寸数值，如图 A607-3 所示。

③ 测量壁厚。

当被测零件的壁厚能直接量取时，可采用钢皮尺或游标尺测量；不宜直接量取时，可采用间接法测量，即使用钢皮尺和内卡钳、外卡钳配合测量，采用二次测量方法，再经过计算获得尺寸，如图 A607-4 所示。

④ 测量阶梯孔的直径，如图 A607-5 所示。

⑤ 测量孔间距，如图 A607-6 所示。

⑥ 测量中心高，如图 A607-7 所示。

⑦ 测量圆角。

测量圆角可应用圆角规。测量时找出与被测零件相吻合的样板，从而读出圆角半径的大小。测量螺纹的螺距时，若用螺纹规测量，应找出与被测螺纹牙型吻合的样板，

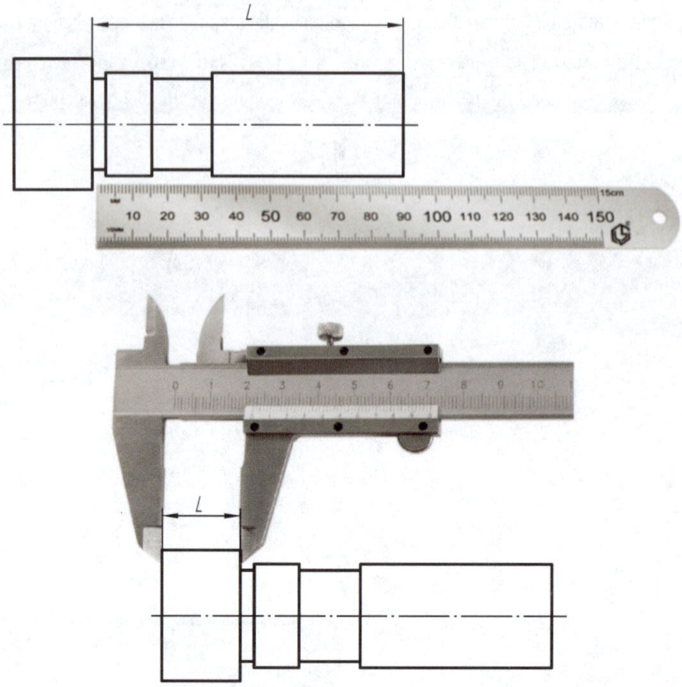

图 A607-2　测量直线尺寸

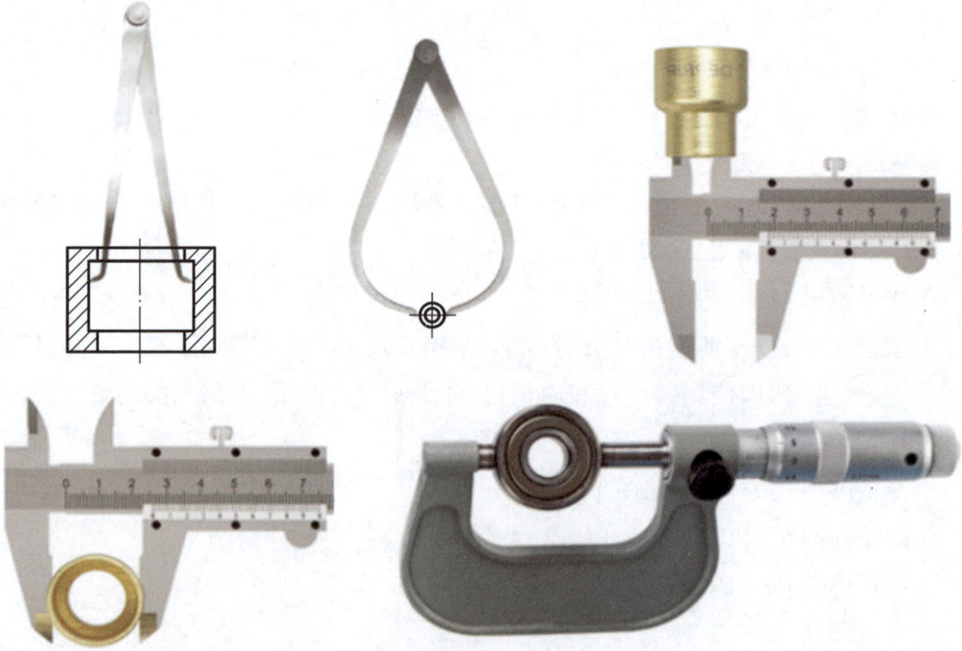

图 A607-3　测量回转面的直径尺寸

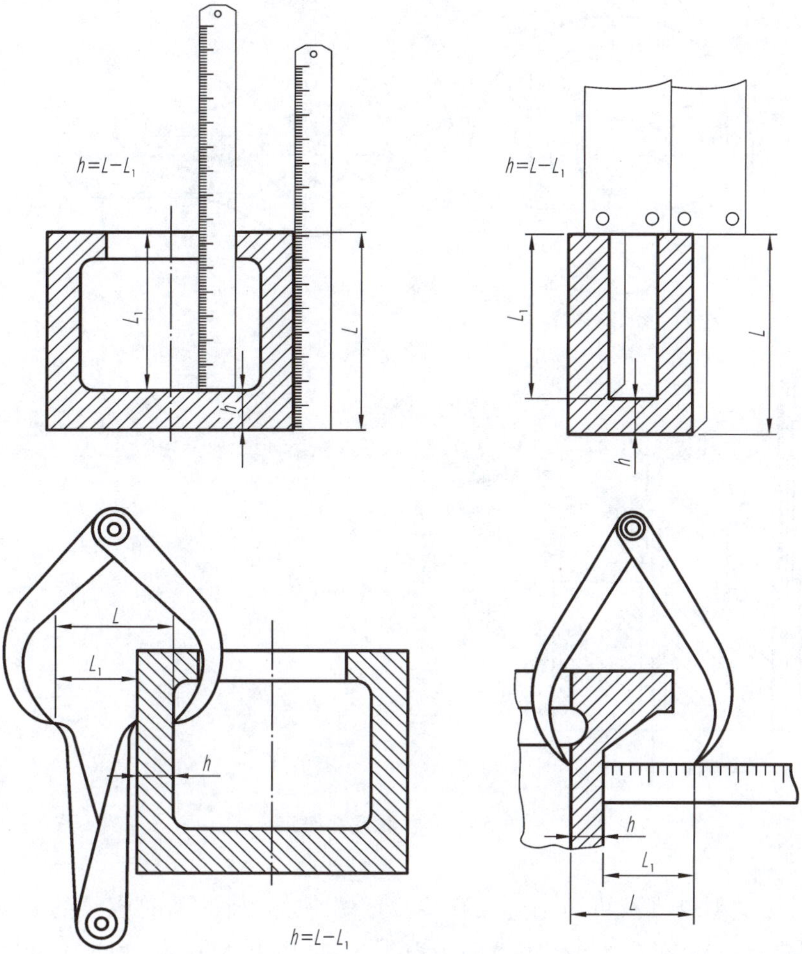

图 A607-4　测量壁厚

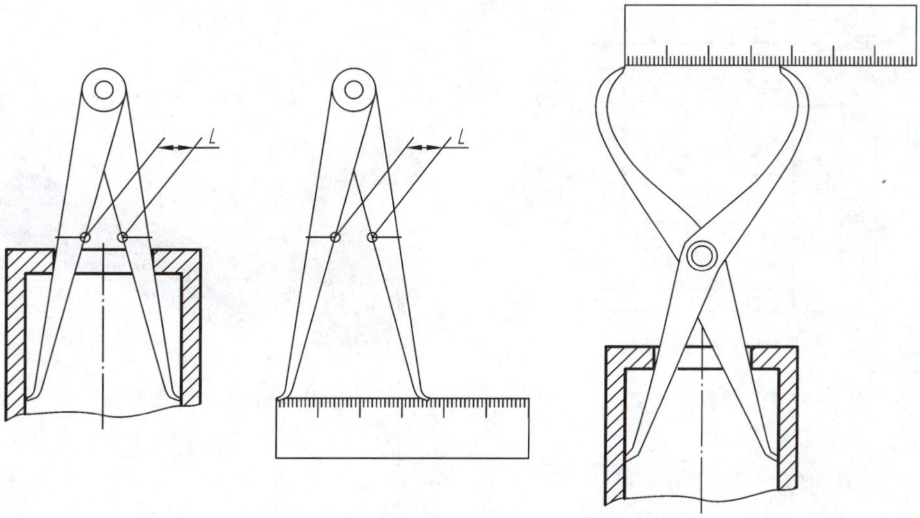

图 A607-5　测量阶梯孔的直径

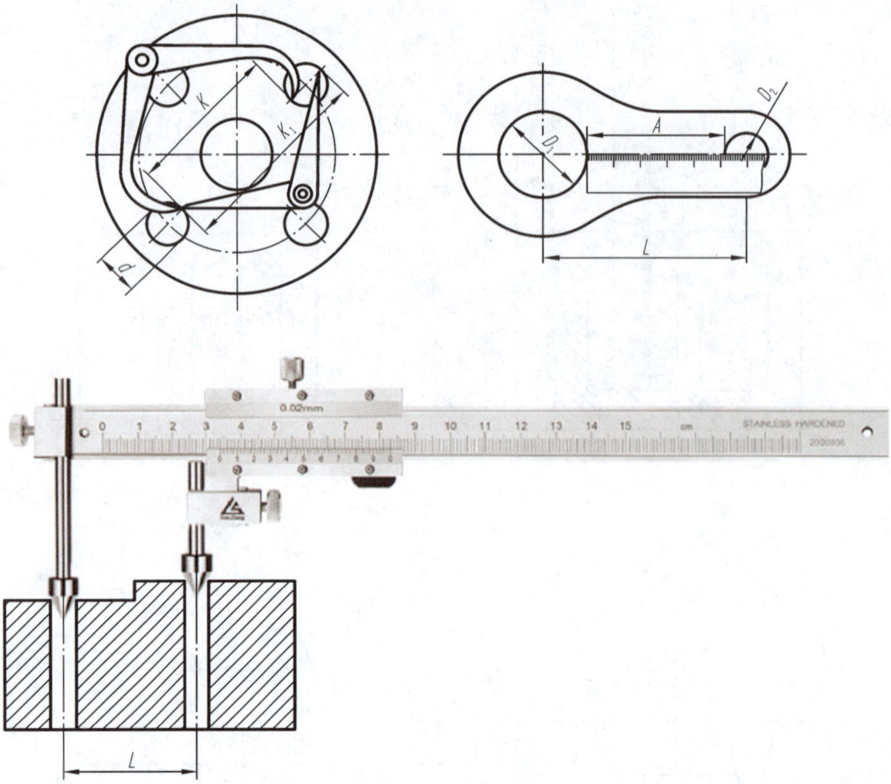

图 A607-6　测量孔间距

从而读出螺距。对外螺纹可用钢直尺直接测量螺距。此外也可将螺纹的牙尖拓印在纸上，然后用钢直尺测量印痕间的距离即为螺距数值，如图 A607-8 和图 A607-9 所示。

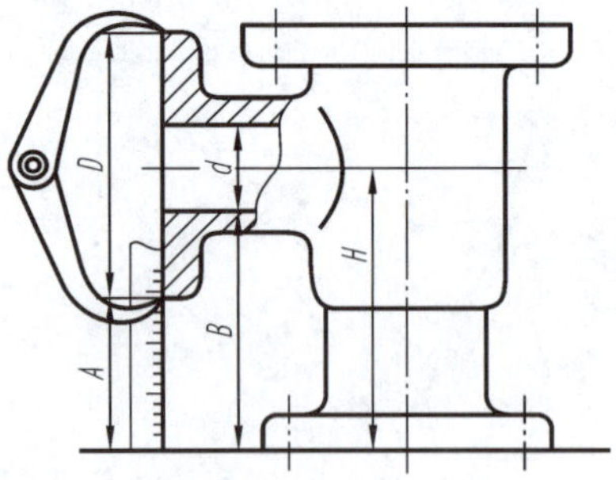

图 A607-7　测量中心高

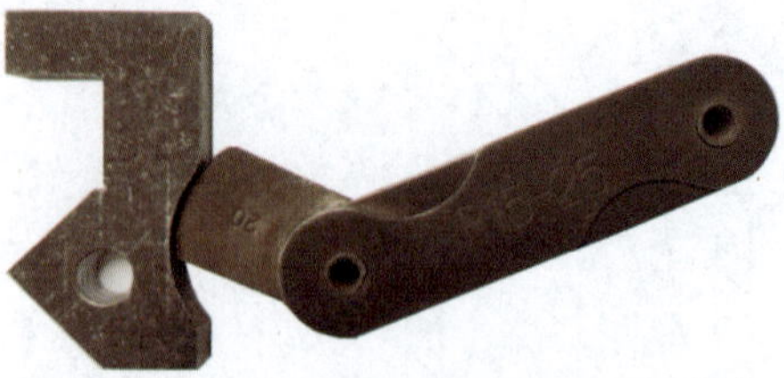

图 A607-8　测量圆角

⑧ 测量曲线轮廓或曲面半径。

a. 铅丝法。

将铅丝弯成与被测的曲线或曲面部分的实形相吻合的形状，然后将铅丝放在纸上画出曲线，最后适当分段，用中垂线法求得各段圆弧的中心，再量得半径，如图 A607-10 所示。

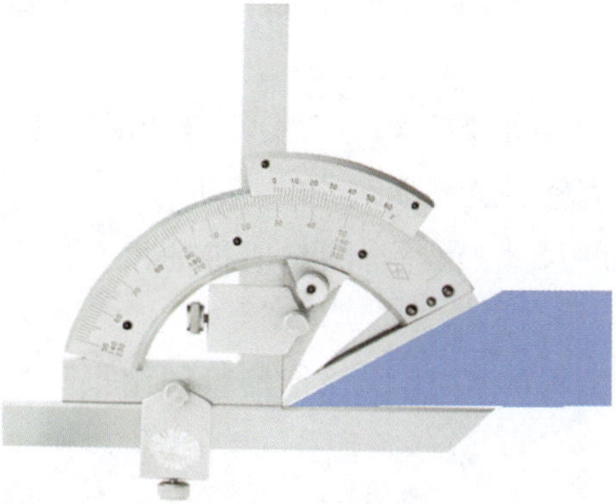

图 A607-9　测量角度

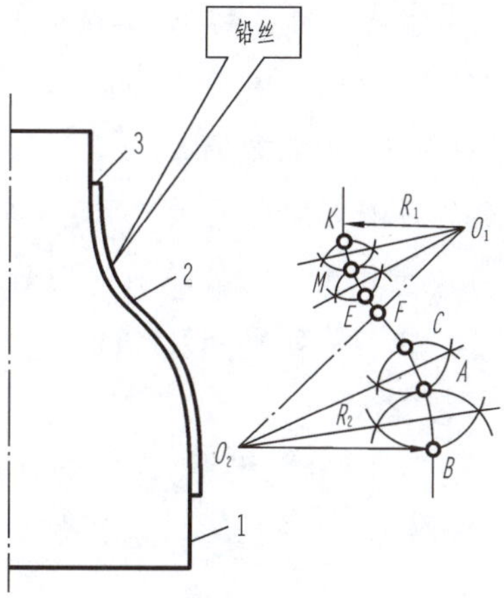

图 A607-10　铅丝法

b. 拓印法。

在零件的被测部位覆盖一张纸，用手轻压纸面，或用铅芯，或用复写纸，在纸面上轻磨，即可印出曲面轮廓，得到真实的平面曲线，再求出各段圆弧半径，如图 A607-11 所示。

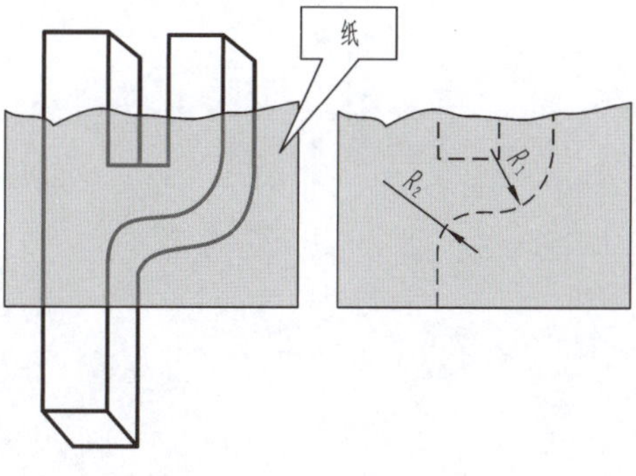

图 A607-11　拓印法

3. 零件测绘时的注意事项

在进行零件测绘时，需要注意以下事项。

(1) 拆卸零件时要细心，不要损坏零件，并且要认真清洗，妥善保管。

(2) 对于原损坏的零件，要尽量使其恢复原形，以便于观察形状和测量尺寸。

(3) 对于已损坏了的工作表面，测量时要给予恰当的估计，必要时应测量与其配合的零件尺寸。

(4) 对于重要表面的基本尺寸、尺寸公差、形位公差和表面粗糙度及零件上一些标准结构的形状和尺寸,应查阅资料或与技术人员共同研究确定。

(5) 零件的制造缺陷,如砂眼、气孔、刀痕等,以及长期使用所造成的磨损,不应画出;零件上因制造、装配需要而形成的工艺结构,如铸造圆角、倒圆、退刀槽、凸台、凹坑等,必须画出,不能忽略。

(6) 对于有配合关系的尺寸(如配合的孔和轴的直径),一般只要测出其基本尺寸,其配合性质和相应的公差值应在分析考虑后查阅有关手册确定。

(7) 对于没有配合关系的尺寸或不重要的尺寸,允许将测量所得的尺寸适当调整(调整到整数值)。

(8) 对于螺纹、键槽、齿轮的轮齿等标准结构的尺寸,应该把测量的结果与标准值核对,采用标准结构尺寸,以利于制造。

链接知识 K801　加工系统设置

使用中望 3D 自动编程加工，加工前需要先进入加工模块并且完成加工系统的基础设置，才可进行后续刀具轨迹生成，如图 K801-1 所示，以坚果夹手柄为例，在默认界面点击 DA 工具栏红色方框中的“加工方案”图标 进入如图 K801-2 所示的加工模块界面。

图 K801-1　加工方案图标

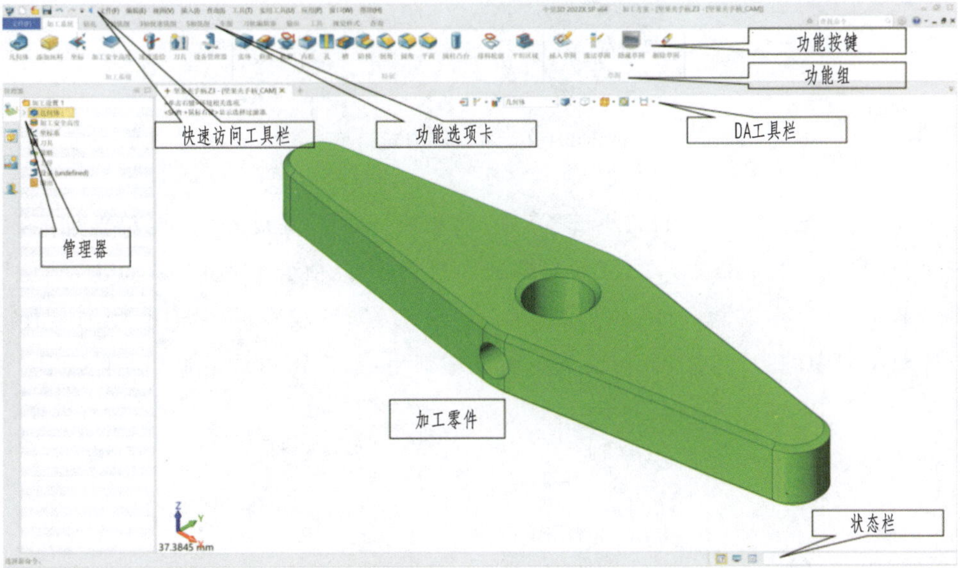

图 K801-2　加工模块界面

在如图 K801-3 所示的加工系统选项里进行加工编程前的准备操作，操作流程如下。

（1）添加坯料。

在“加工系统”选项卡中点击“添加坯料”功能命令，在如图 K801-4 所示的添加坯

图 K801-3　加工系统选项

图 K801-4　添加坯料对话框

料对话框中，根据实际毛胚的大小设置对应的长度、宽度、高度；如需要单独加厚，可选择左面、右面、前面、后面、顶面、底面对单独面进行加厚；在设置完成后，点击“确认”；弹出如图 K801-5 所示的隐藏坯料对话框，点击“是（Y）”；完成后可在如图 K801-6 所示的左侧管理器图中的“几何体”下拉箭头中看见坯料生成，右击可设置显示与隐藏。

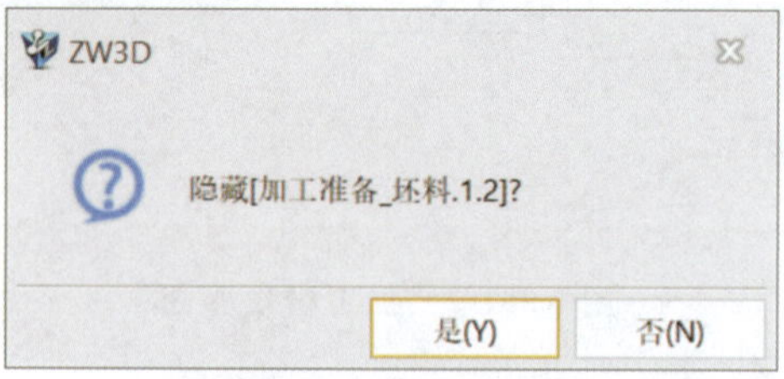

图 K801-5　隐藏坯料对话框

（2）添加坐标系。

在“加工系统”选项卡中点击 “坐标”功能命令后，在如图 K801-7 所示的添加坐标

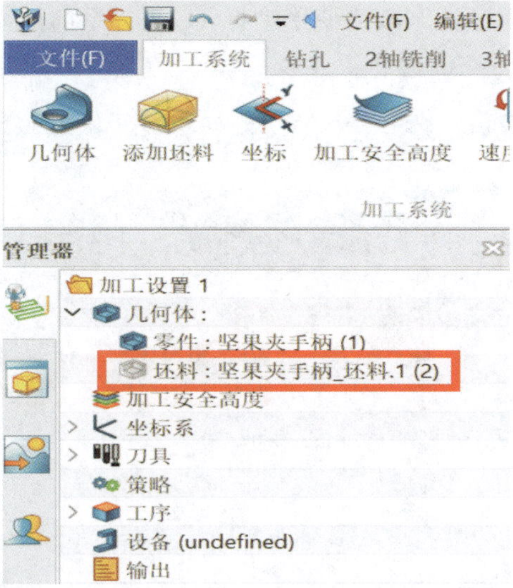

图 K801-6　左侧管理器图

对话框中点击“创建基准面”。

在如图 K801-8 所示的基准面选择对话框中选择“动态”选择模式，点击“位置”，选择零件上表面位置，依次确定两次对话框即可完成基准坐标系的建立。

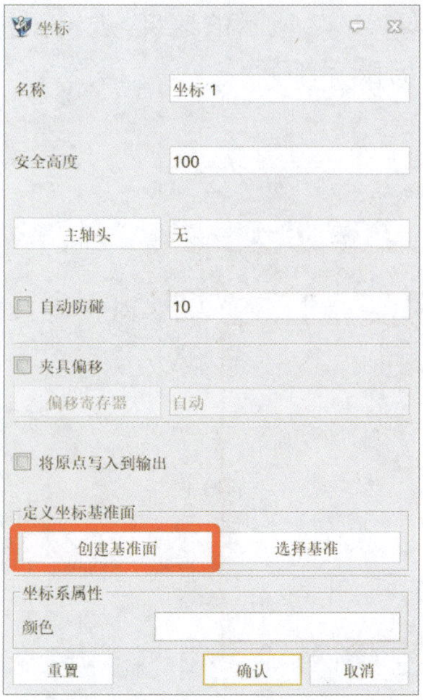

图 K801-7　添加坐标对话框

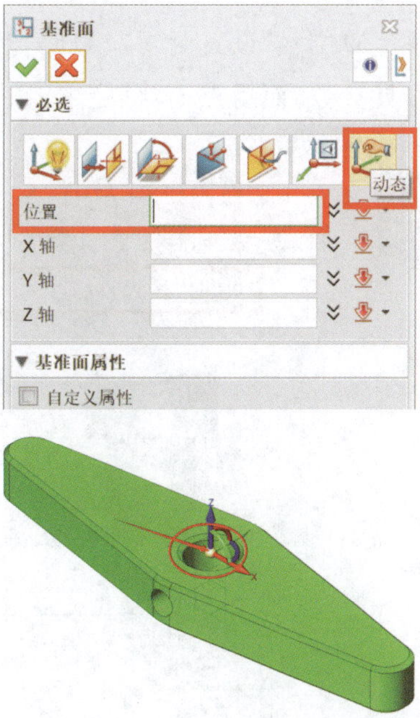

图 K801-8　基准面选择对话框

如图 K801-9 所示的设置/取消激活坐标系，在管理器中的“坐标系”下拉箭头中右击“坐标 1”，点击“设置/取消激活”（激活使用坐标 1），坐标系前面显示“”即为激活对象。

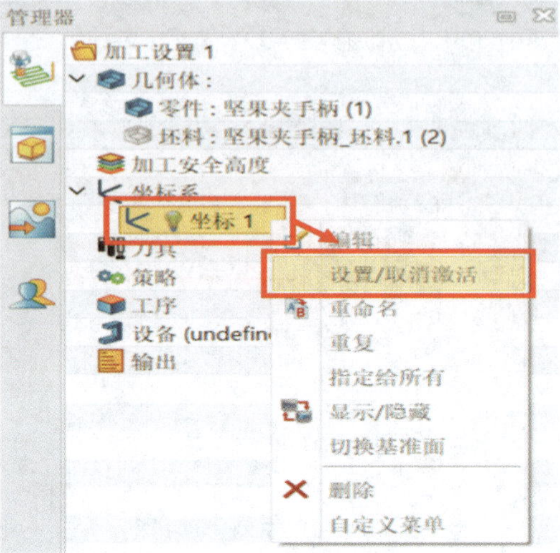

图 K801-9　设置/取消激活坐标系

（3）添加刀具。

在“加工系统”选项卡中点击“刀具”功能指令后，在如图 K801-10 所示的刀具对话框中根据加工需要创建合适的刀具并设置规格及名称。如图 K801-11 所示，点击“更多参数”将“刀位号”设置为对应号码，然后点击如图 K801-12 所示的速度/进给图标设置对应刀具参数，而后点击“确定”。重复操作可再次创建刀具。

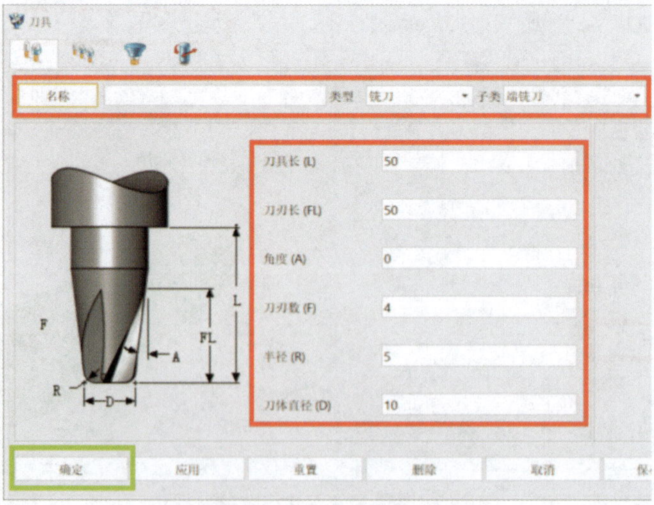

图 K801-10　刀具对话框

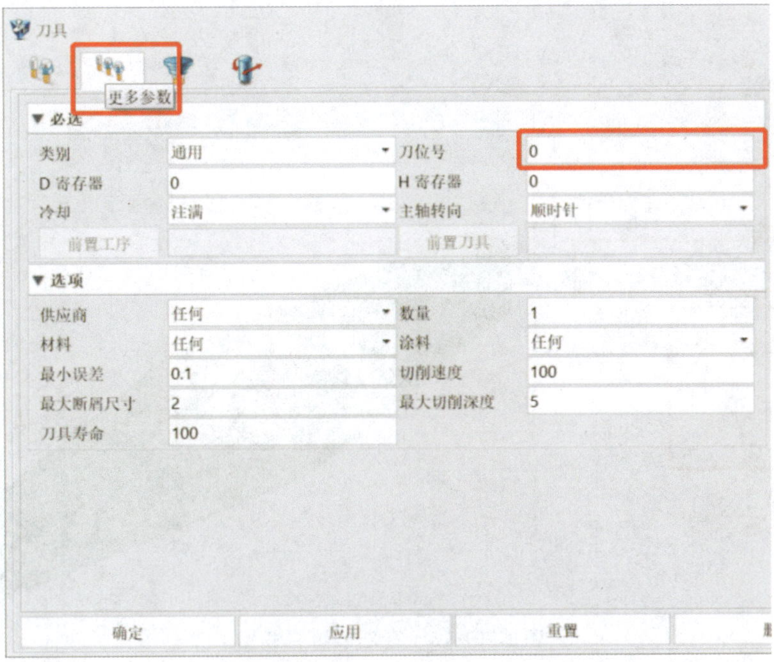

图 K801-11 “刀位号”设置

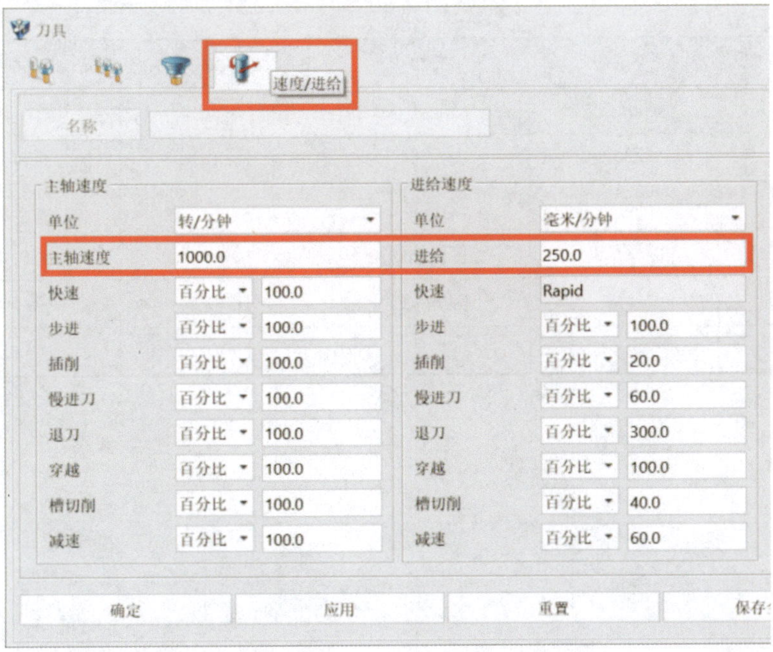

图 K801-12 速度/进给图标

完成后如图 K801-13 所示。

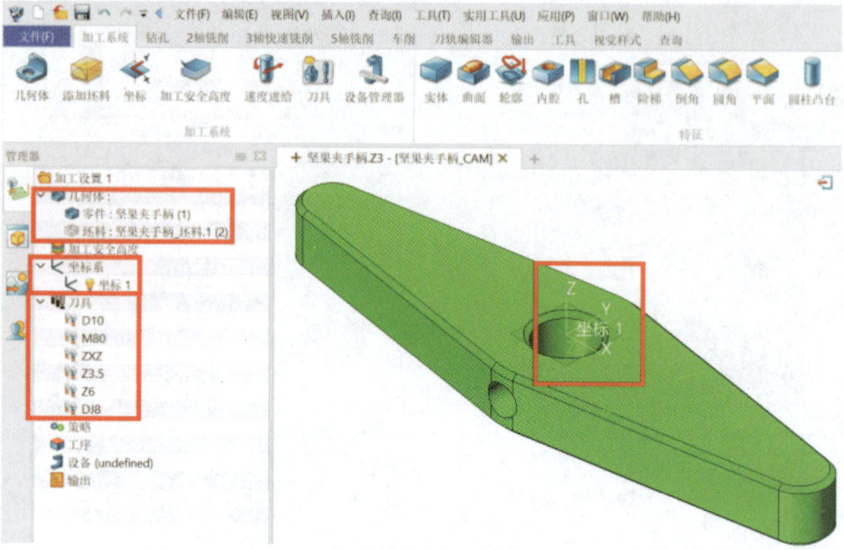

图 K801-13　基础设置完成图

根据对坚果夹手柄的分析，列出如表 K801-1 所示的刀具清单，根据清单创建刀具。

表 K801-1　刀具清单

刀具	名称	类型	主轴速度(s/min)	进给速度(mm/min)
ϕ10 立铣刀	D10	铣刀	5000	2000
中心钻	ZXZ	中心钻	1500	150
ϕ3.4 钻花	Z3.5	普通钻	1600	80
ϕ6 钻花	Z6	普通钻	1000	80
ϕ8 倒角刀	DJ8	倒角刀	4500	1200
ϕ80 面刀	M80	铣刀	1500	200

链接知识 K802 钻　孔

当已经完成了加工系统中的基础设置时，接下来就可以进行加工了，以坚果夹手柄为例，此零件的加工工艺如表 K802-1 所示。

表 K802-1　坚果夹手柄零件加工工艺表

序号	工序名称	工序简图
1	工序名称：ϕ6 通孔中心钻加工 策略：中心钻加工 刀具：ϕ3 中心钻	
2	工序名称：ϕ6 通孔加工 策略：啄式钻孔加工 刀具：ϕ6 麻花钻	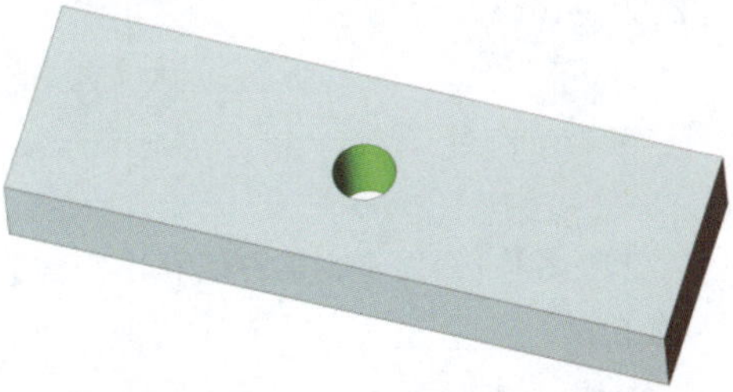
3	工序名称：外轮廓粗加工 策略：VoluMill3x（动态开粗） 刀具：ϕ10 立铣刀	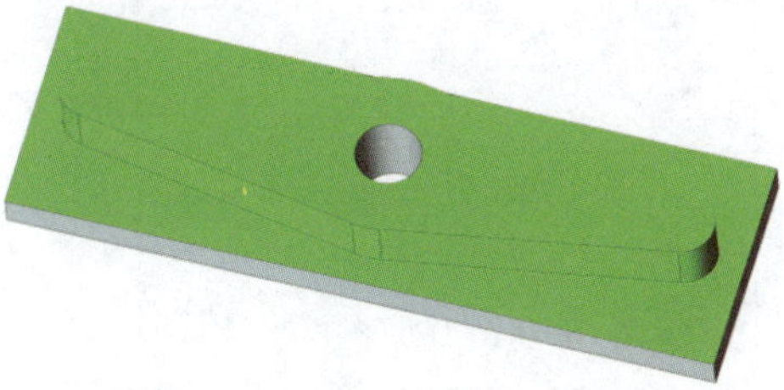
4	工序名称：顶面精加工 策略：平坦面加工 刀具：ϕ10 立铣刀	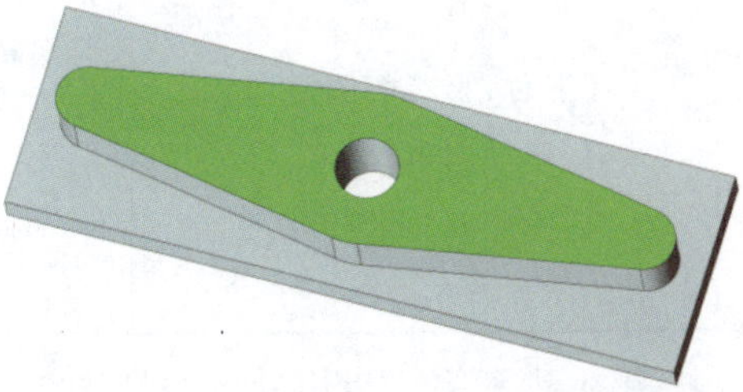

序号	工序名称	工序简图
5	工序名称：侧面精加工 策略：轮廓切削 刀具：ϕ10 立铣刀	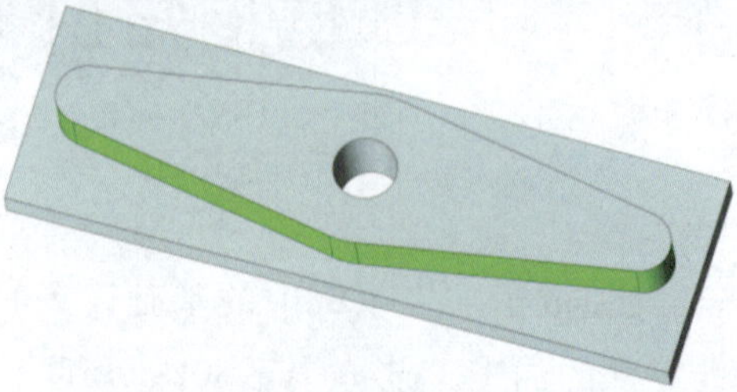
6	工序名称：第一面 C0.5 倒角 策略：倒角 刀具：ϕ8 倒角刀	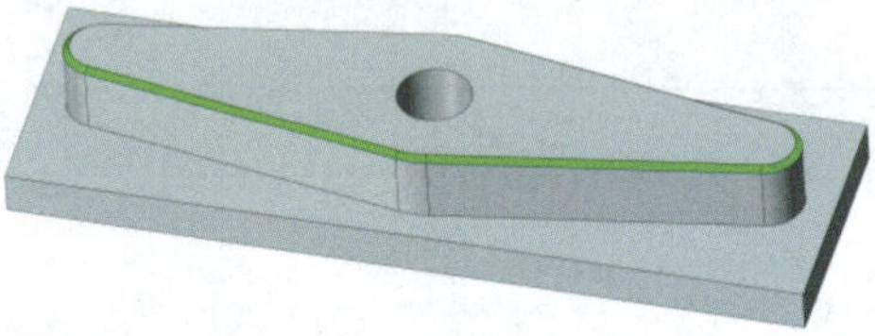
7	工序名称：侧面 M4 螺纹底孔中心钻加工 策略：中心钻加工 刀具：ϕ3 中心钻	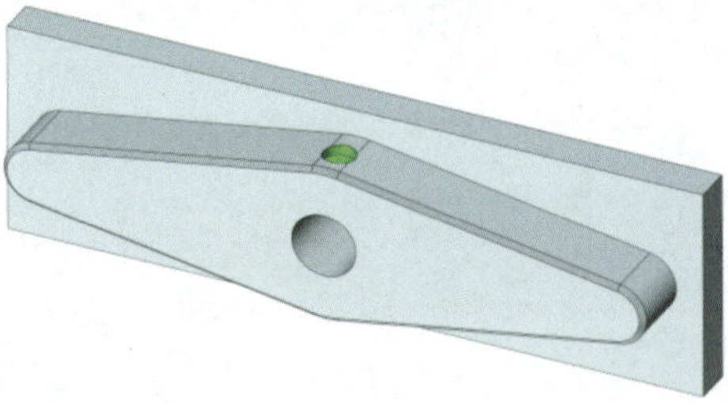
8	工序名称：侧面 M4 螺丝底孔加工 策略：钻孔加工 刀具：ϕ3.3 钻花	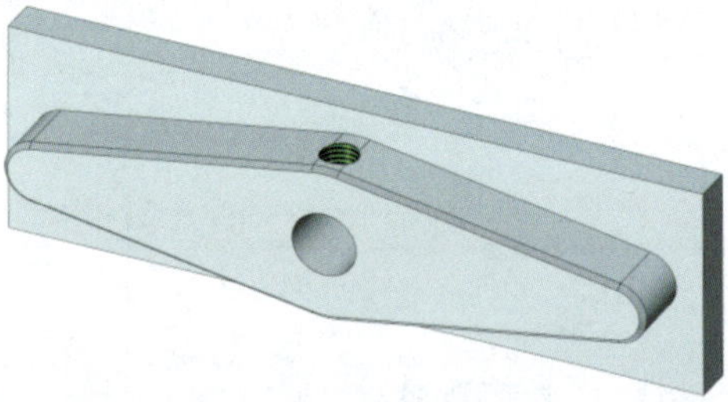
9	工序名称：第二面反面刷面加工 策略：手动刷面 刀具：ϕ80 面刀	
10	工序名称：第二面倒角 策略：手动倒角 工具：毛刺刀、小锉刀	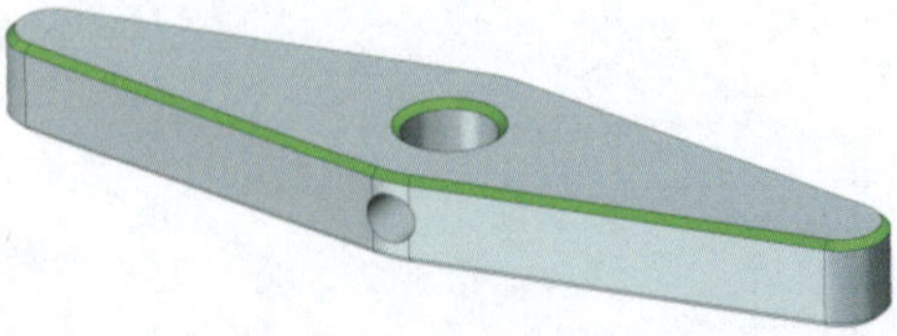

其中，第 1 步和第 2 步用到中心钻加工和啄钻加工，在中望 3D 中的编程过程如下。

1. 中心钻加工

中心钻工序给其他钻孔工序提供所需的起始孔。

点击功能选项卡中的“钻孔”功能选项卡，如图 K802-1 所示。

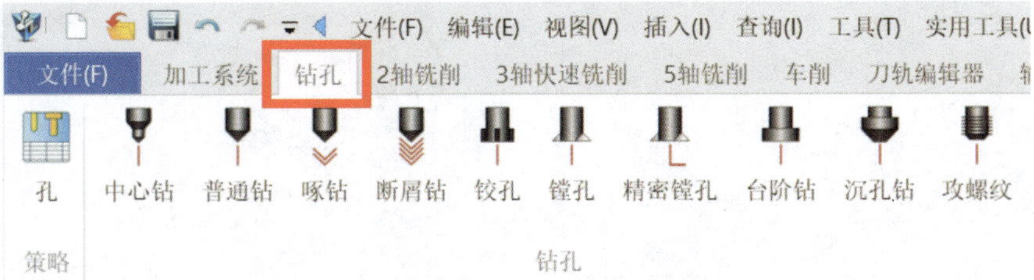

图 K802-1　“钻孔”功能选项卡

点击“钻孔”功能选项卡中的“中心钻”功能按键，如图 K802-2 所示。

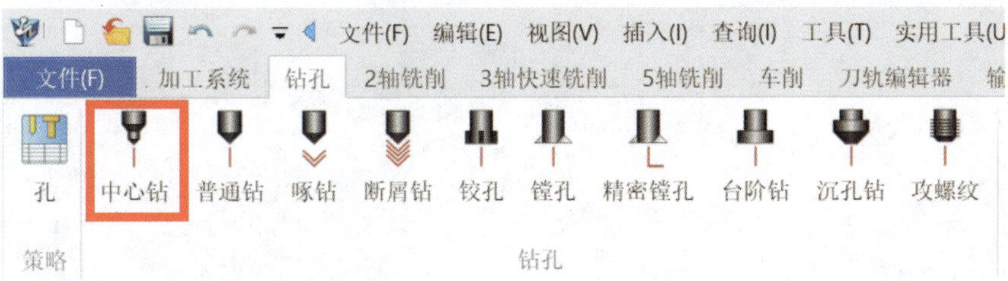

图 K802-2　“中心钻”功能按键

在选择特征对话框中点击“新建”，如图 K802-3 所示。

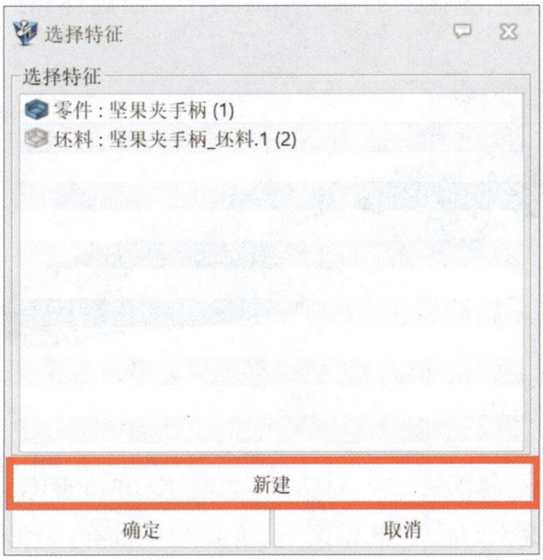

图 K802-3　选择特征对话框

双击“孔”，进行孔特征建立，如图 K802-4 所示。

在孔选择对话框中，点击输入类型的下拉箭头“▼”，选择“圆”，如图 K802-5 所示。

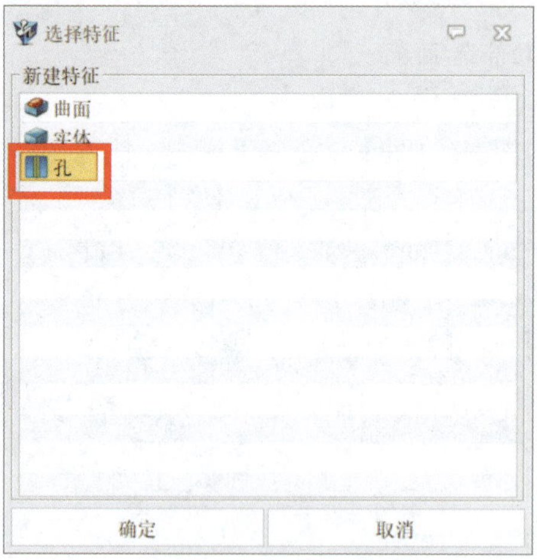

图 K802-4 孔特征建立

图 K802-5 孔选择对话框

选取如图 K802-6 所示零件上的第一个加工孔表面圆环，点击“✔”，之后再确认一次弹出的对话框。

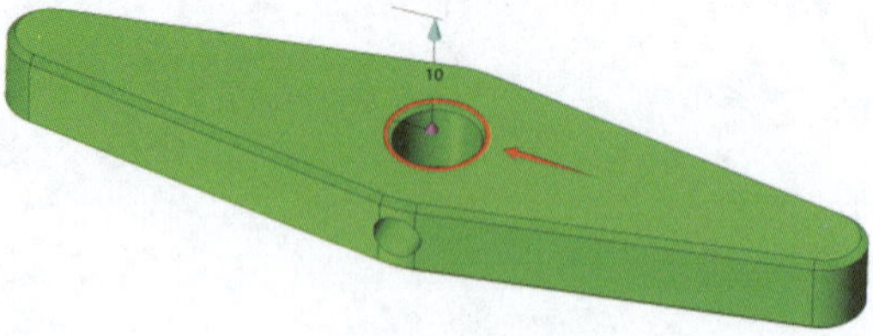

图 K802-6 选择圆环

在刀具列表中单击选择“ZXZ(中心钻)”，如图 K802-7 所示。

在左侧管理器中，点击“工序”下拉箭头，可看到已创建的中心钻加工工序，双击“中心钻 1”，如图 K802-8 所示，进入工序编辑。

图 K802-7　刀具列表选择

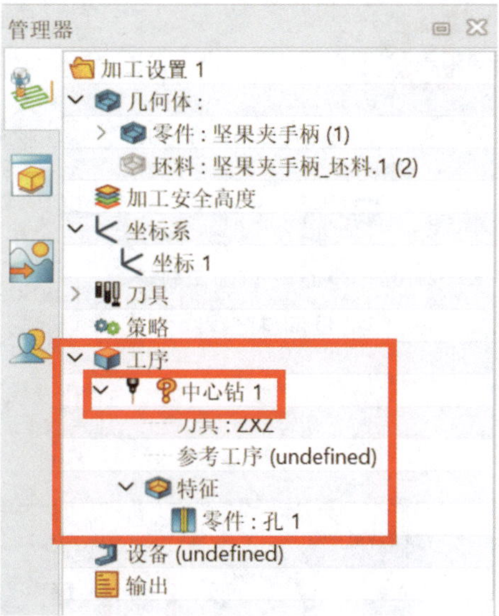

图 K802-8　中心钻加工工序

在“中心钻 1”工序编辑中先点击“深度和余量”，在最大切削深度中输入“1”(表示中心钻钻孔深度为 1 mm)，再点击“计算”生成加工轨迹，点击“确定”，如图 K802-9 所示。

图 K802-9　最大切削深度设置 1

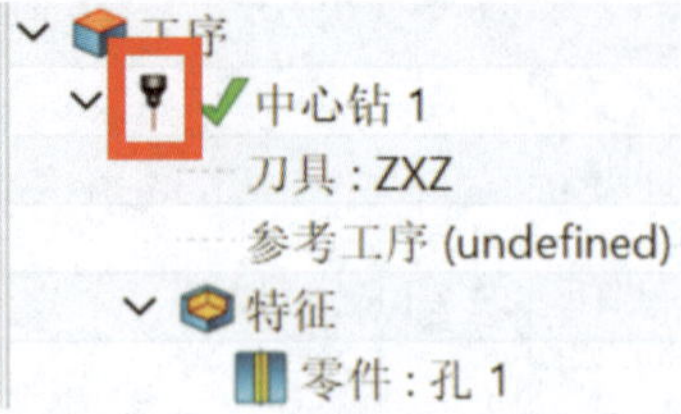

图 K802-10 “中心钻 1”加工轨迹的显示与隐藏

双击工序中的“中心钻 1”工序前的图标可切换加工轨迹的显示与隐藏，如图 K802-10 所示。

2. 啄钻加工

啄钻孔工序是一种深钻方法。进入孔规定距离后，钻头退至进刀平面，以利于清除钻屑。

点击“钻孔”功能选项卡中的“啄钻”功能按键，如图 K802-11 所示。

在选择特征对话框中，双击选择中心钻所创建的“孔 1”，点击“确定”，如图 K802-12 所示。

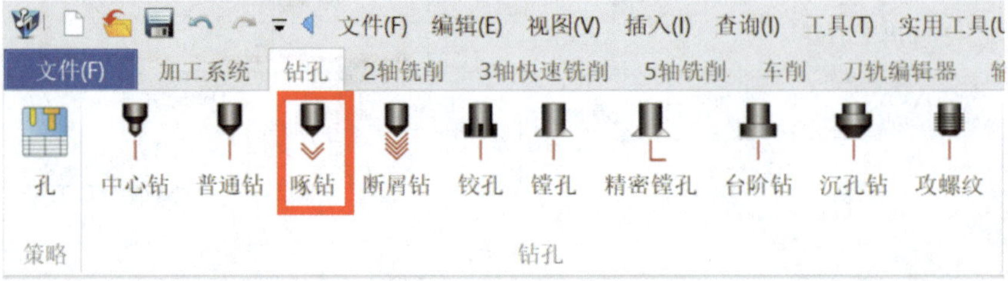

图 K802-11 “啄钻”功能按键

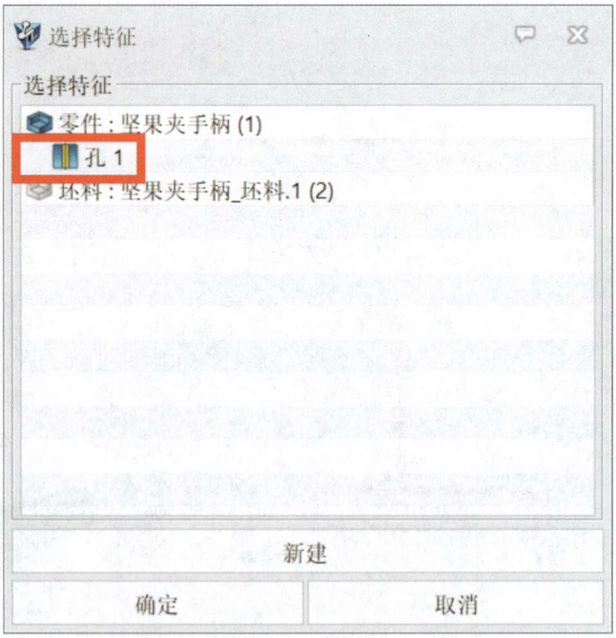

图 K802-12 “啄钻”特征选择

在左侧管理器中的工序里看见创建的啄钻加工工序，双击“啄钻 1”，如图 K802-13 所示，进入工序编辑。

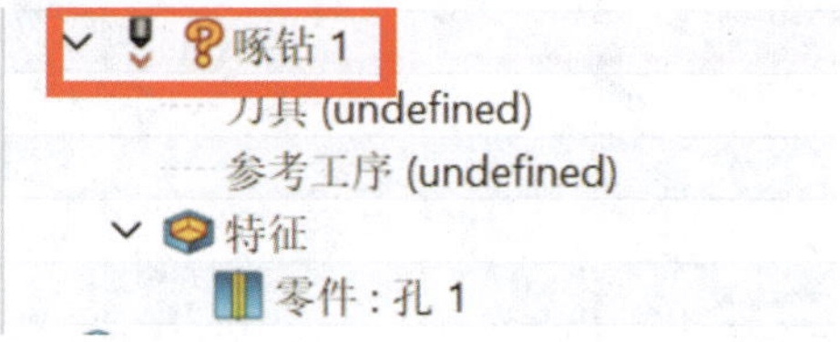

图 K802-13 “啄钻”加工工序

在“啄钻 1”工序编辑中先点击“主要参数”，再点击“刀具”，选择需要的 $\phi6$ 钻花，如图 K802-14 所示。

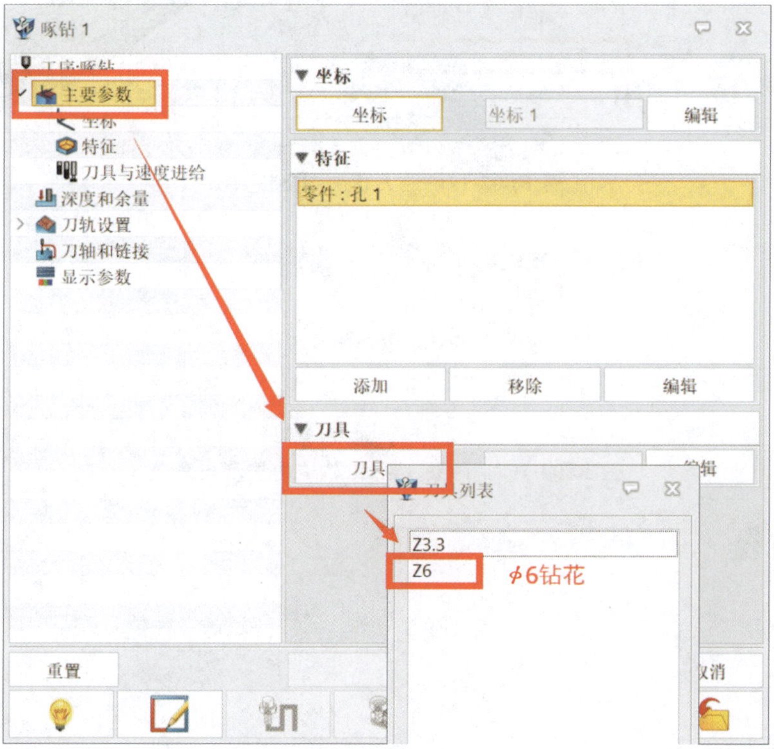

图 K802-14 “啄钻”刀具选择

点击“深度和余量”，根据需要的深度，在最大切削深度中输入“8”，最后点击“计算”生成加工轨迹，点击“确定”，如图 K802-15 所示。

双击工序中的“啄钻 1”工序前的图标可切换加工轨迹的显示与隐藏，如图 K802-16 所示。

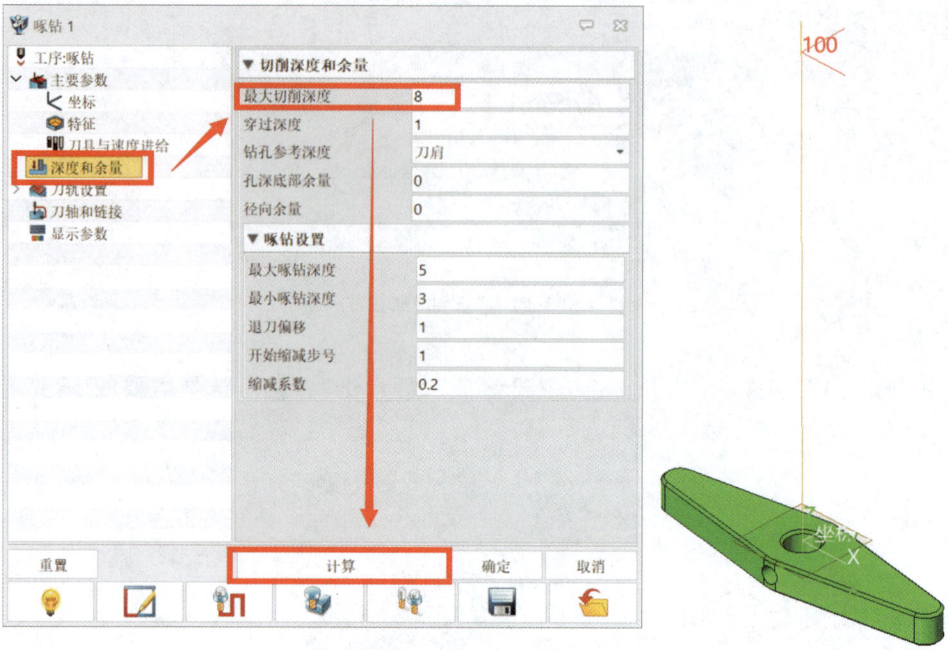

图 K802-15　最大切削深度设置 2

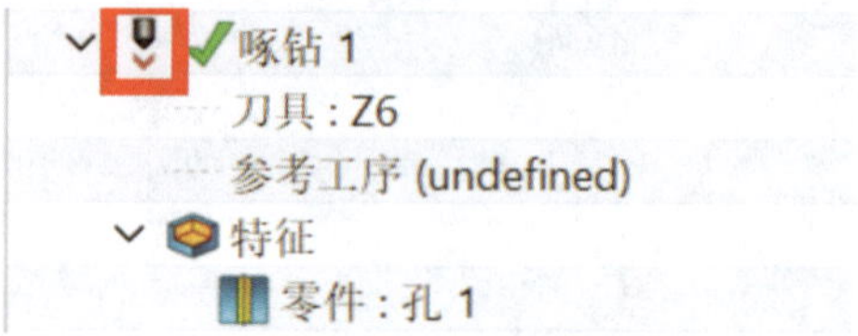

图 K802-16　“啄钻 1”加工轨迹的显示与隐藏

链接知识 K803.1 动态开粗（VoluMill3x）

动态开粗是一种超高性能技术，通过恒定的材料去除率使得机床和刀具能在理想的铣削条件下运行，减少循环时间，从而减少机床压力，延长刀具寿命。坚果夹手柄工艺中，钻孔加工轨迹生成后，接下来进行坚果夹手柄的动态开粗加工轨迹的生成，过程如下。

点击“3 轴快速铣削”功能选项卡中的“粗加工”功能组的“VoluMill3x”功能按键，如图 K803.1-1 所示。

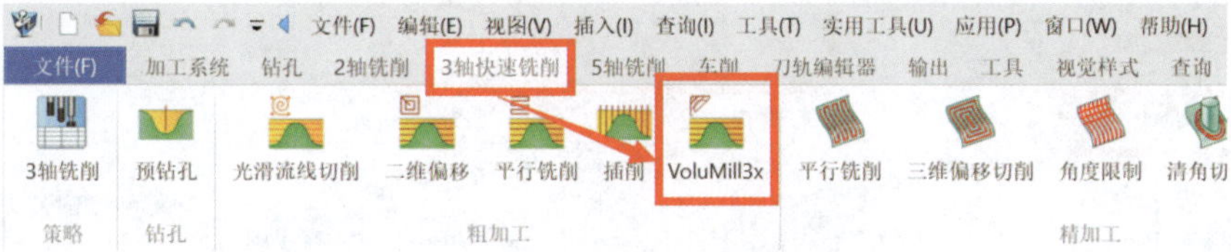

图 **K803.1-1**　“VoluMill3x”**功能按键**

在“选择特征”对话框中，按住键盘上的“shift”键，点击零件和坯料，然后点击“确定”，如图 K803.1-2 所示。

在刀具列表对话框中单击“D10”，我们需要 ϕ10 立铣刀，如图 K803.1-3 所示。

图 **K803.1-2**　“VoluMill3x”**特征选择**

图 **K803.1-3**　“VoluMill3x”**刀具选择**

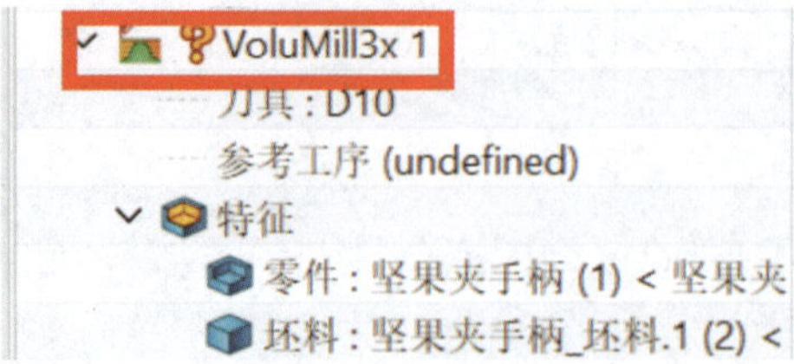

图 K803.1-4　“VoluMill3x 1”加工工序

在左侧管理器中的工序里双击所创建的“VoluMill3x 1”加工工序，如图 K803.1-4 所示，进入“VoluMill3x”工序设置对话框。

在“VoluMill3x”工序编辑中点击“限制参数”，在“顶面”中输入“2”(表示以坐标系为原点的上方 2 mm 为零件的顶部极限加工位置)，在“底面”中输入“－6.5”(表示以坐标系为原点的下方 6.5 mm 为零件的底部极限加工位置)，如图 K803.1-5 所示。

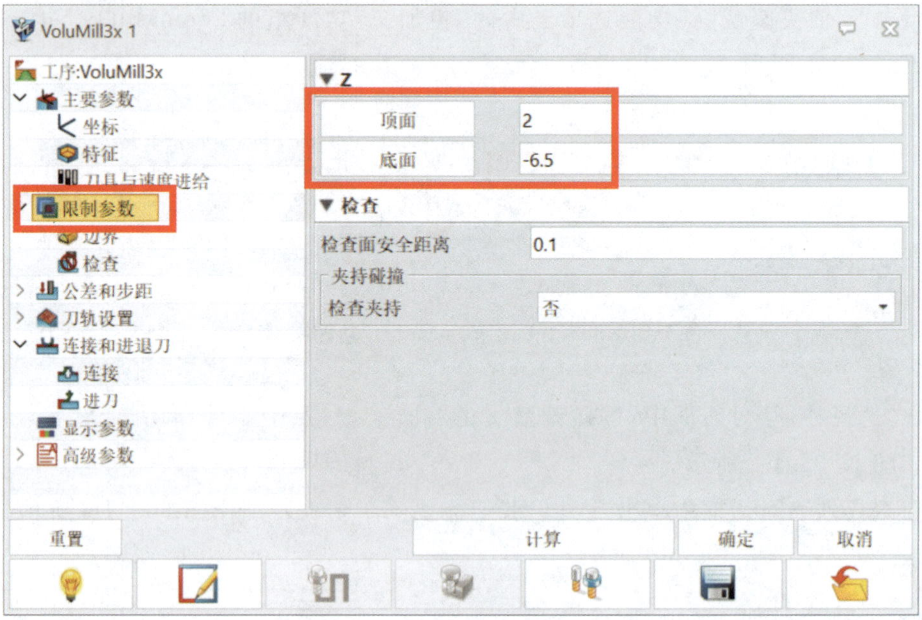

图 K803.1-5　“限制参数”设置

点击“公差和步距”，设置其中的“曲面余量”和“额外的侧面余量”都为“0.1”(表示侧面和底面都预留 0.1 mm，便于精加工)，如图 K803.1-6 所示。

将“步进”改为“绝对值”数值为“1”(表示每层侧向切削深度为 1 mm)，设置“最大下切步距”为“10”(表示每层下切深度最大为 10 mm)，如图 K803.1-7 所示。

点击“刀轨设置”，将“允许往复加工”更改为“是”(允许此功能可减少抬刀)，将“发现平面”更改为“最后平坦面加工”(选择此项后只会加工最上和最下的平面)，将“%最小摆线半径”设置为“5”(缩小加工轨迹圆弧半径)，最后点击“计算”，生成刀轨，如图 K803.1-8 所示。

双击工序中的“VoluMill3x 1”工序前的图标可切换加工轨迹的显示与隐藏，如图 K803.1-9 所示。

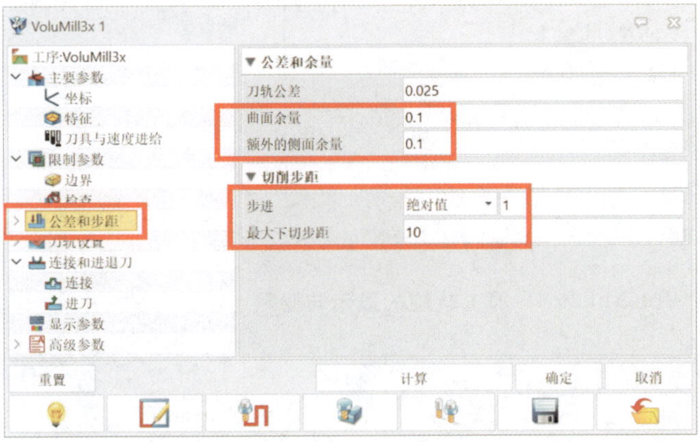

图 K803.1-6 “公差和步距”设置

图 K803.1-7 “步进”设置

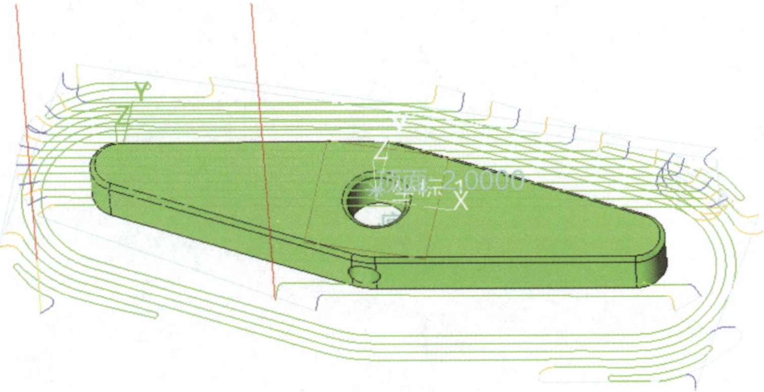

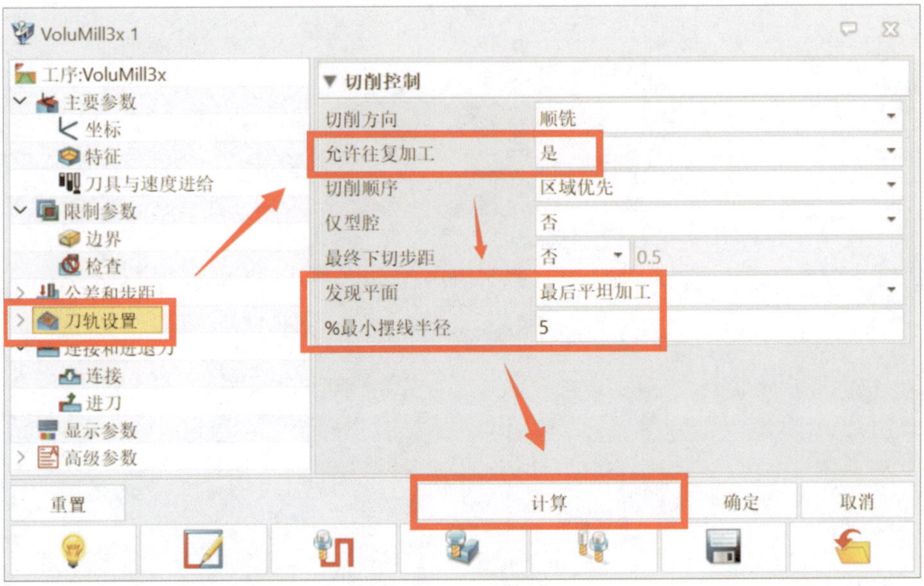

图 K803.1-8 刀轨设置

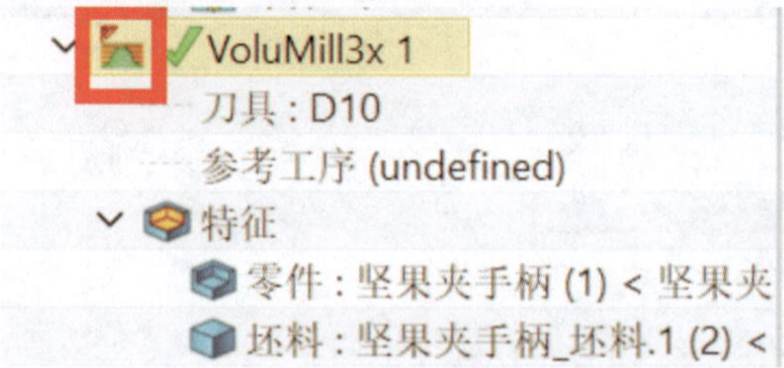

图 K803.1-9 “VoluMill3x 1”加工轨迹的显示与隐藏

链接知识 K803.2 平坦面加工

坚果夹手柄工艺中的动态开粗加工轨迹生成后，接下来生成坚果夹手柄的底面精加工轨迹，过程如下。

该工序能够自动检测到给定了平面度公差的所有平面区域，然后在一个工序中为所有平面区域创建刀轨，或在极限参数范围内为平面区域创建刀轨。

点击“3 轴快速铣削”功能选项卡中的“精加工”功能组中的“平坦面加工”功能按键，如图 K803.2-1 所示。

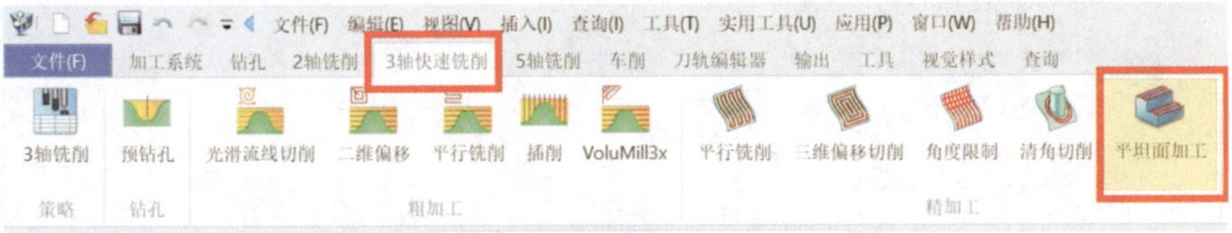

图 K803.2-1 “平坦面加工”功能按键

在选择特征对话框中，点击“新建”，如图 K803.2-2 所示。

双击选择“轮廓”，如图 K803.2-3 所示。

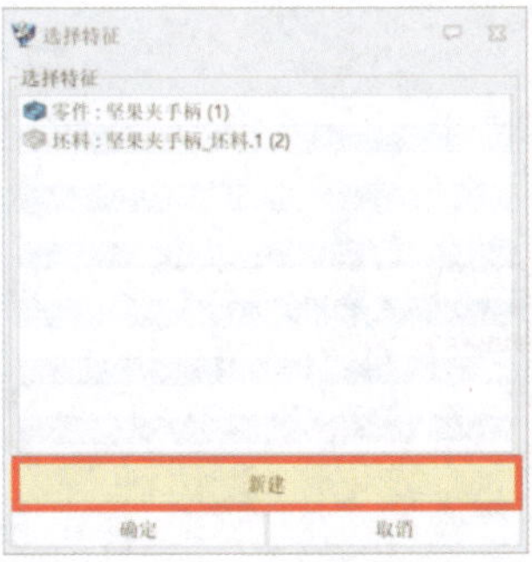

图 K803.2-2 “平坦面加工”特征选择

图 K803.2-3 “平坦面加工”轮廓特征新建

在轮廓选择对话框中勾选“快速链选”后选择最上表面轮廓线，选择完成后点击“✔”，如图 K803.2-4 所示。

在轮廓特征设置对话框中将类别更改为“零件”，此加工平面为开放的面，故开放/闭合处选择“开放”，设置完成后点击“确认”，如图 K803.2-5 所示。

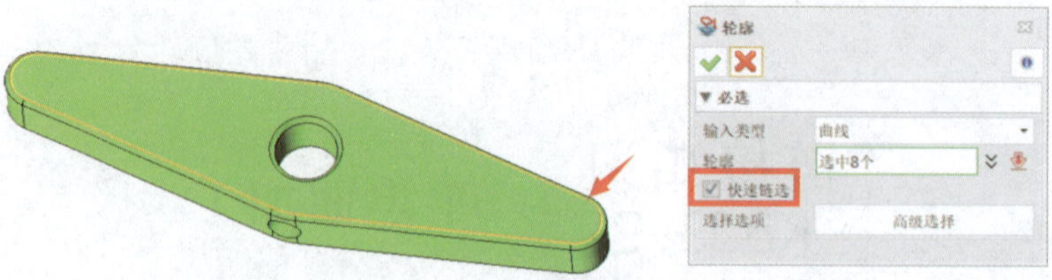

图 K803.2-4　轮廓特征选择

在左侧的管理器工序选项里双击所创建的“平坦面加工 1”工序，如图 K803.2-6 所示，进入“平坦面加工”工序编辑。

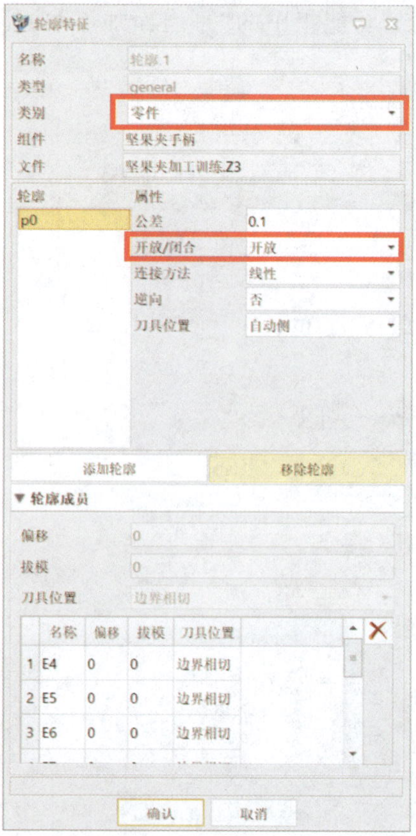

图 K803.2-5　轮廓特征设置

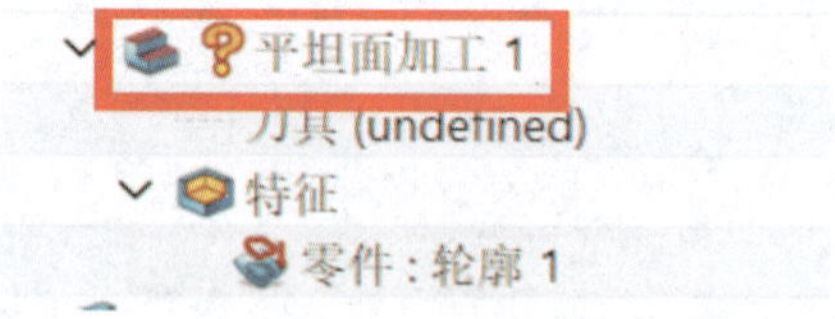

图 K803.2-6　“平坦面加工”加工工序

在“平坦面加工”工序编辑里先点击“主要参数”，点击“刀具”，选择“M80”，如图 K803.2-7 所示。

点击“公差和步距”，设置“步进”数值为 80（表示每层侧向切削为刀具直径的 80%），然后点击“计算”生成加工轨迹，最后点击“确定”，如图 K803.2-8 所示。

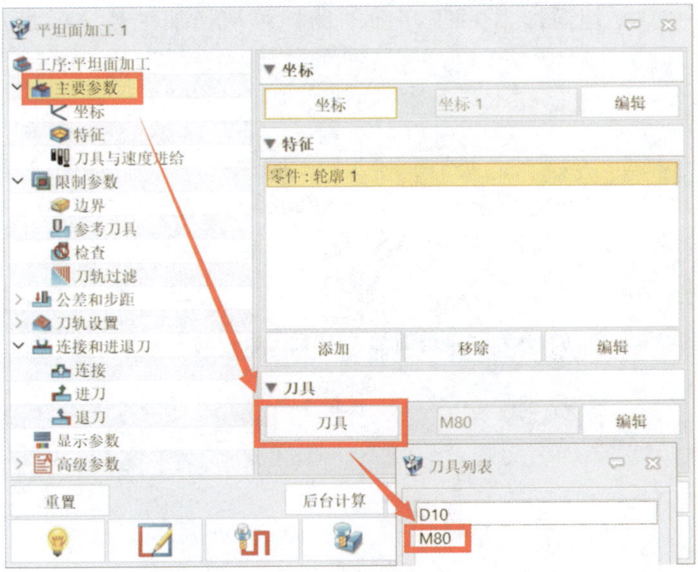

图 K803. 2-7 “平坦面加工”刀具选择

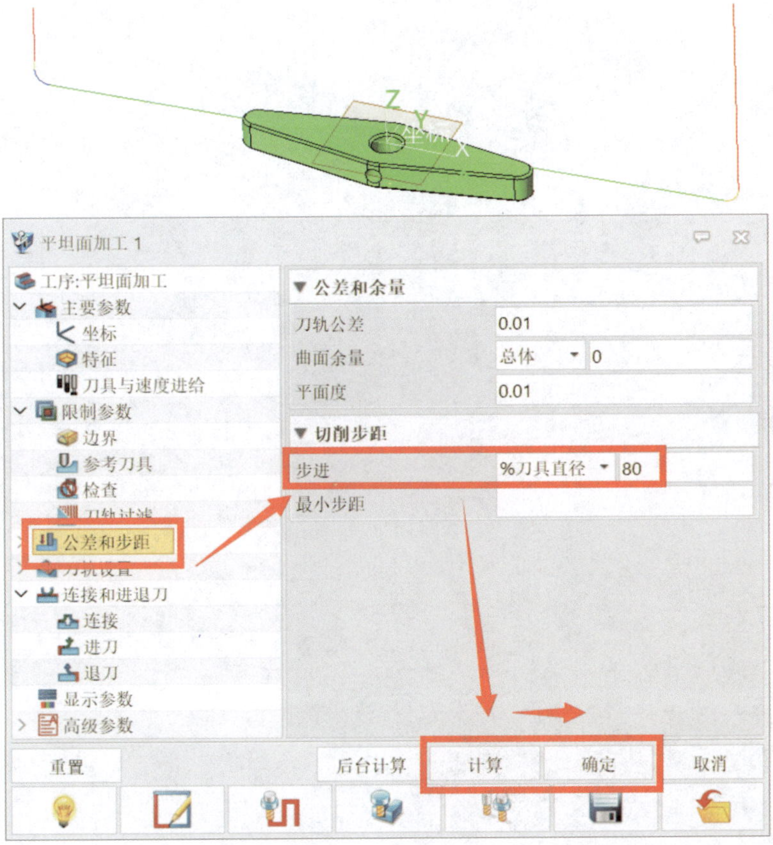

图 K803. 2-8 “公差和步距”设置

双击工序中的“平坦面加工 1”工序前的图标可切换加工轨迹的显示与隐藏，如图 K803.2-9 所示。

图 K803.2-9 “平坦面加工 1”加工轨迹的显示与隐藏

链接知识 K804.1　轮廓铣削

执行轮廓切削(铣削)工序时,对任意数量的开放或闭合曲线边界(CAM 轮廓特征)或包含几何体轮廓的 CAM 组件进行切削。只要刀具位置参数设置为“在边界上”,同样支持自相交轮廓。坚果夹手柄工艺中的底面精加工轨迹生成后,接下来生成坚果夹手柄的侧面精加工轨迹,过程如下。

各参数的定义见图 K804.1-1,在轴铣削工序对话框参数处查看每个参数的定义,可以对雕刻工序或复合图案进行无误差加工。

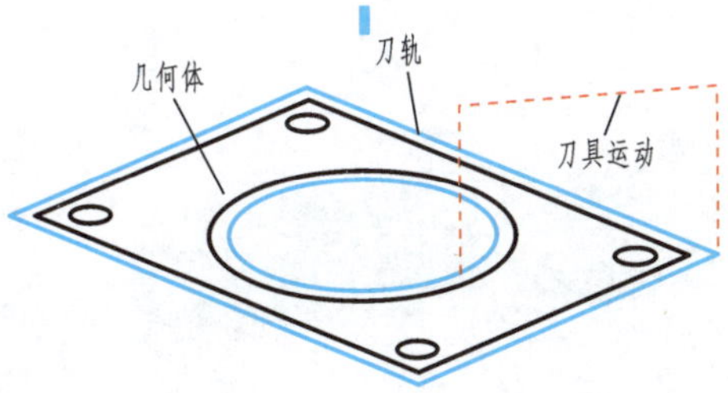

图 K804.1-1　轮廓切削

点击“2 轴铣削”功能选项卡中的“二维轮廓”功能组中的“轮廓”功能按键,如图 K804.1-2 所示。

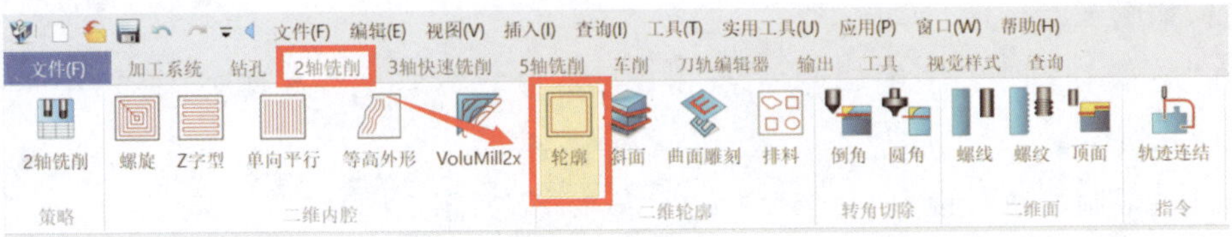

图 K804.1-2　“轮廓”功能按键

在选择特征对话框中,点击“新建”,如图 K804.1-3 所示。

双击选择“轮廓”,如图 K804.1-4 所示。

在轮廓选择对话框中勾选“快速链选”后选择最外轮廓底部轮廓线,选择完成后点击“✓”,如图 K804.1-5 所示。

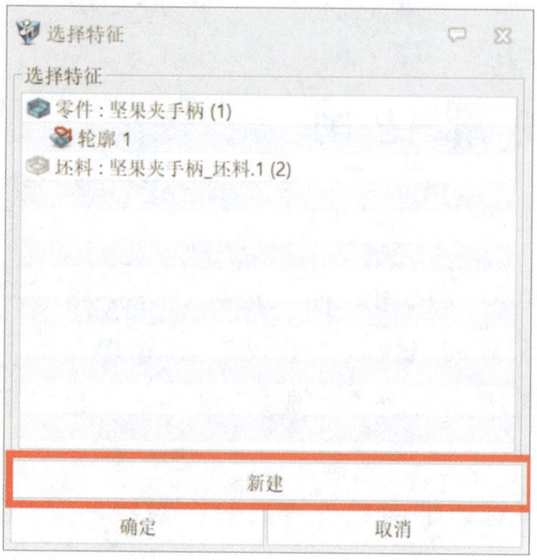

图 K804.1-3 “轮廓加工”特征选择

图 K804.1-4 “轮廓”特征

图 K804.1-5 轮廓线选择

在对话框中此加工轮廓为开放的面，故保持开放/闭合处的“开放”不变，点击“确认”，如图 K804.1-6 所示。

在左侧的管理器工序选项里双击所创建的“轮廓切削 1”工序，进入“轮廓切削”工序编辑，如图 K804.1-7 所示。

在“轮廓切削”工序编辑里先点击“主要参数”，点击“刀具”选择“D10”，如图 K804.1-8 所示。

点击“限制参数”，设置“底部”数值为“−6.5”，如图 K804.1-9 所示。

点击“公差和步距”，设置“下切步距”数值为“6.5”(因为此零件开粗的限制参数中，底面设置为了−6.5)，如图 K804.1-10 所示。

点击“刀轨设置”，设置“加工侧”为“右，外侧”(因为是顺铣，走刀方向的右边为加工侧，因此此处选右)，然后点击“计算”生成加工轨迹，最后点击“确定”，如图 K804.1-11 所示。

双击工序中的“轮廓切削 1”工序前的图标可切换加工轨迹的显示与隐藏，如图 K804.1-12 所示。

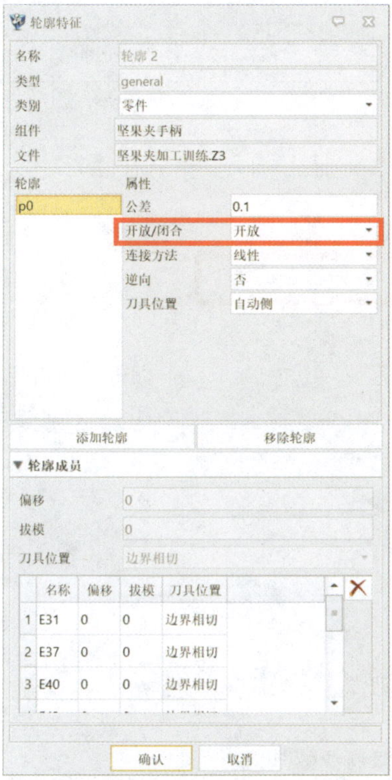

图 K804.1-6　轮廓特征设置

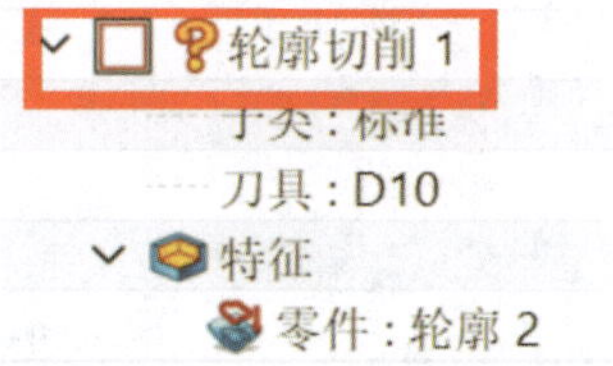

图 K804.1-7　“轮廓切削”加工工序

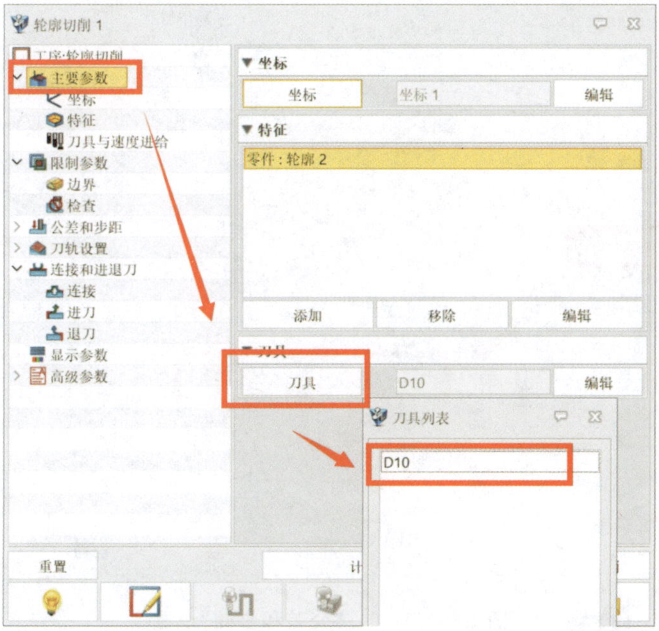

图 K804.1-8　“轮廓”加工刀具选择

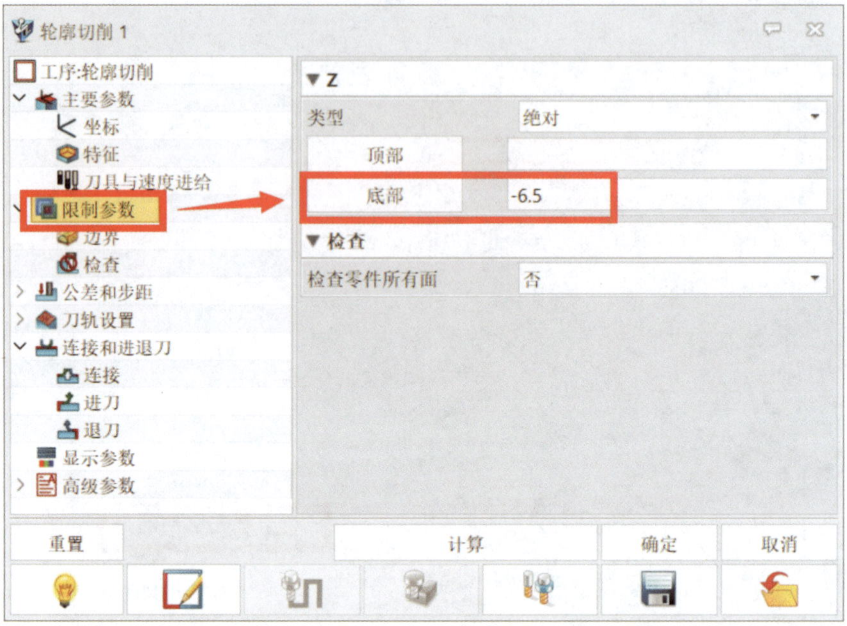

图 K804.1-9 “限制参数”设置

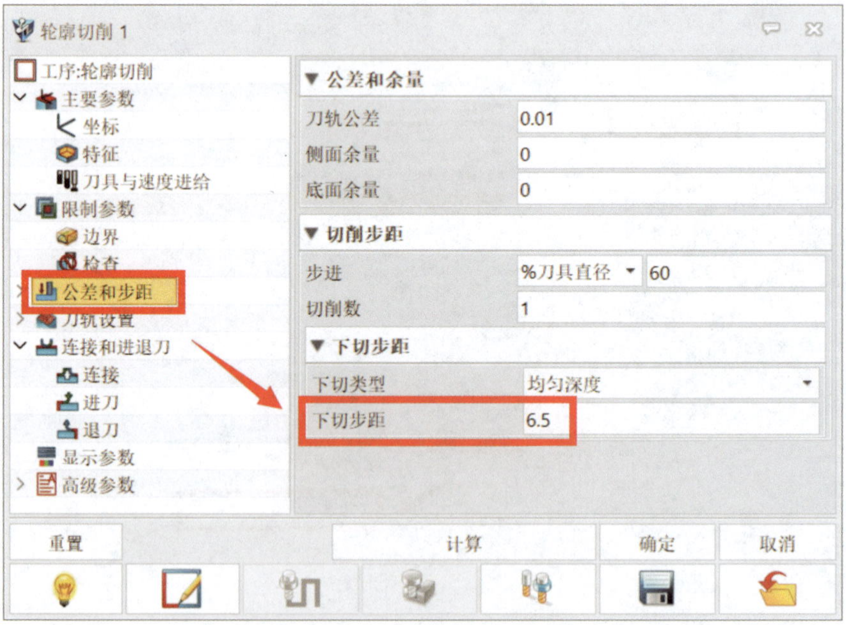

图 K804.1-10 “公差和步距”设置

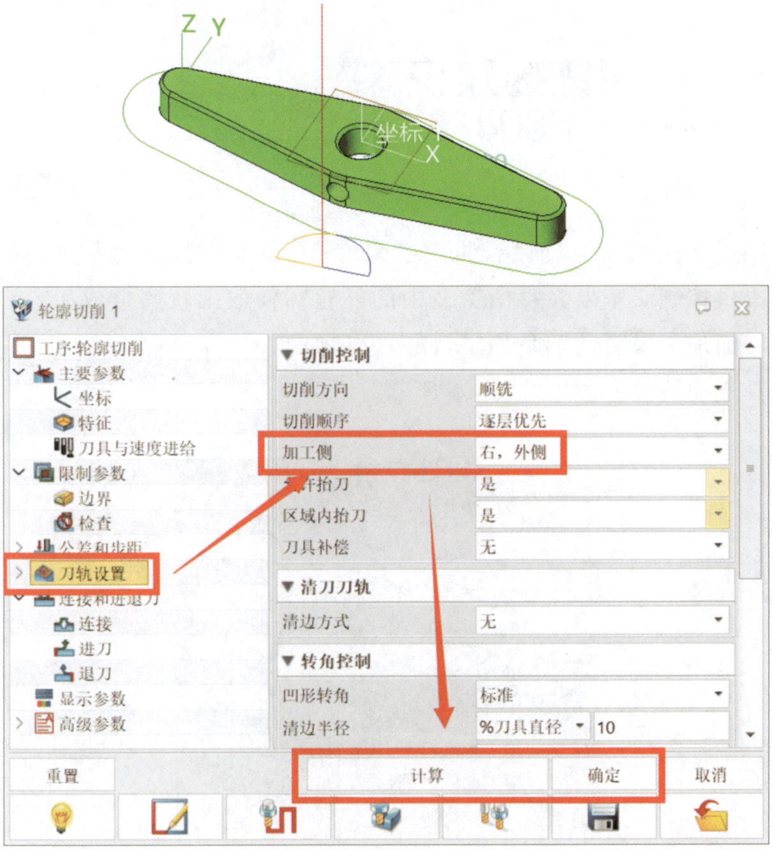

图 K804.1-11　刀轨设置

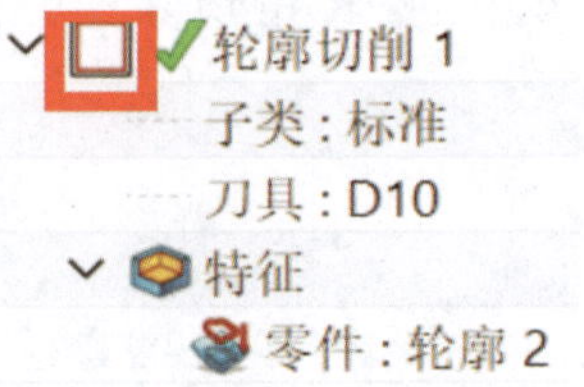

图 K804.1-12　“轮廓切削 1”加工轨迹的显示与隐藏

链接知识 K804.3 倒角

倒角切削工序接受轮廓、曲线、曲面或倒角特征。倒角特征为偏移、拔模、深度、倒角边和脊线提供控制。坚果夹手柄工艺中的外轮廓精加工轨迹生成后，接下来生成坚果夹手柄第一面加工最后的倒角加工轨迹，过程如下。

倒角刀具运动轨迹如图 K804.3-1 所示。

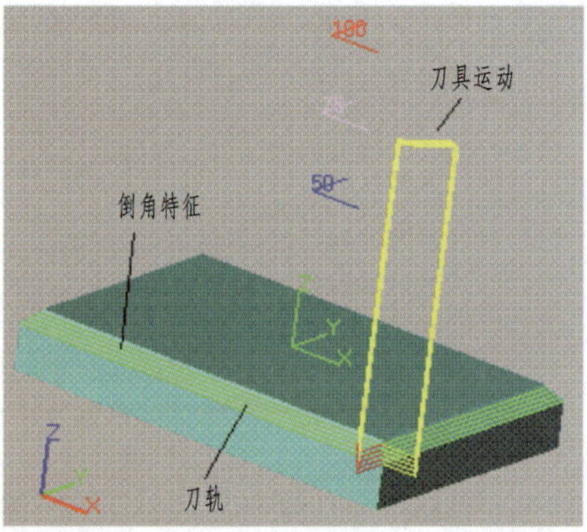

图 K804.3-1　刀具运动轨迹

点击“2 轴铣削”功能选项卡中的“转角切除”功能组中的“倒角”功能按键，如图 K804.3-2 所示。

图 K804.3-2　“倒角”功能按键

在选择特征对话框中，点击“新建”，如图 K804.3-3 所示。

双击选择“倒角”，如图 K804.3-4 所示。

双击选择上倒角的下端轮廓线，点击鼠标滚轮键确定，如图 K804.3-5 所示。在弹出的对话框中，修改“加工侧”为“右，外侧”，点击“确定”即可。

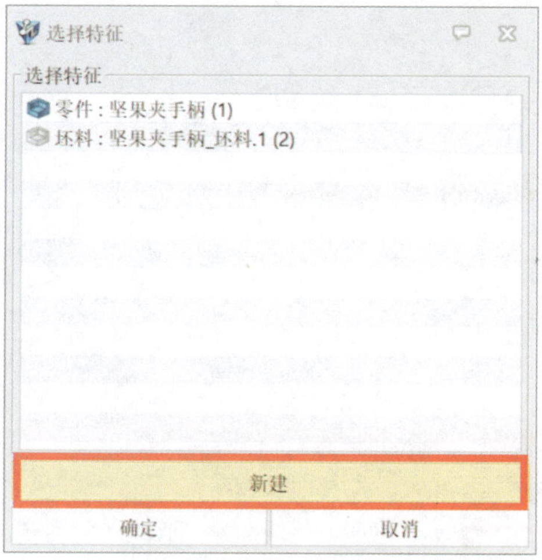

图 K804.3-3 “倒角”特征选择

图 K804.3-4 新建“倒角”特征

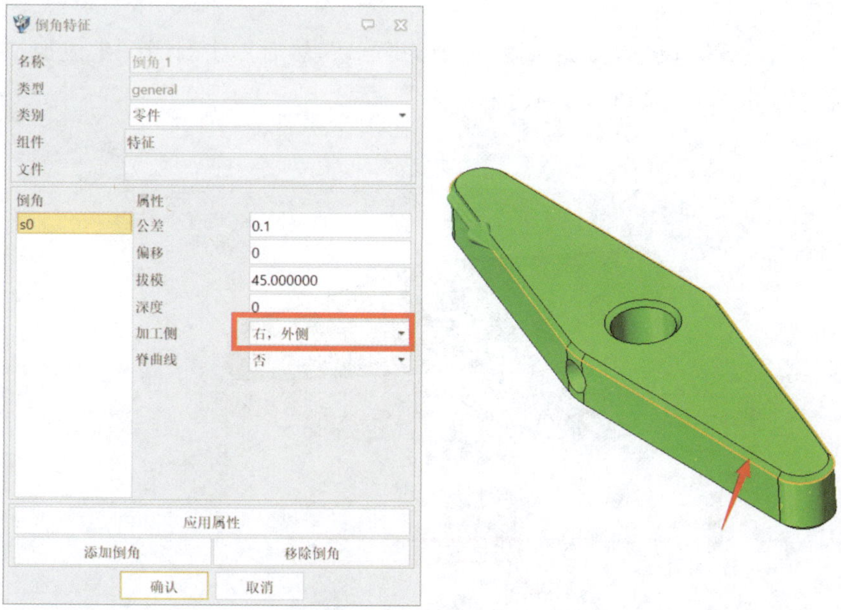

图 K804.3-5 “倒角”特征设置

在左侧的管理器工序选项里双击所创建的“倒角切削 1”工序，进入“倒角切削”工序编辑，如图 K804.3-6 所示。

图 K804.3-6 “倒角切削 1”加工工序

在“倒角切削”工序编辑里先点击“主要参数”，点击“刀具”，选择“DJ8(倒角刀)”，如图 K804.3-7 所示。

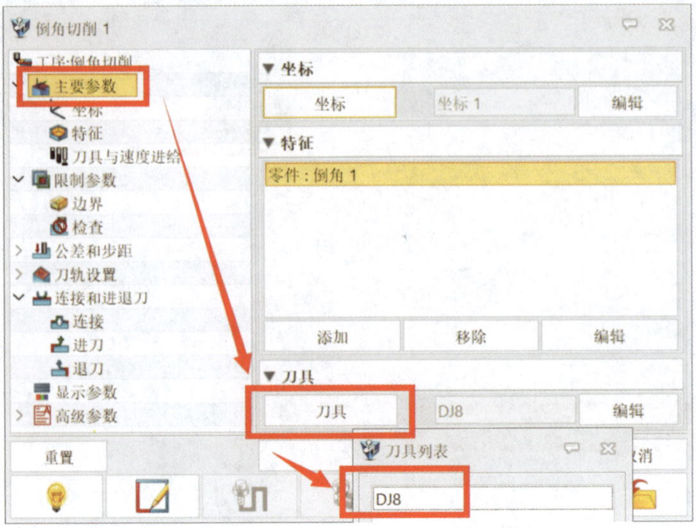

图 K804.3-7 “倒角”加工刀具选择

点击“刀轨设置”，设置“刀尖深度”数值为“－1”，然后点击“计算”生成加工轨迹，最后点击“确定”，如图 K804.3-8 所示。

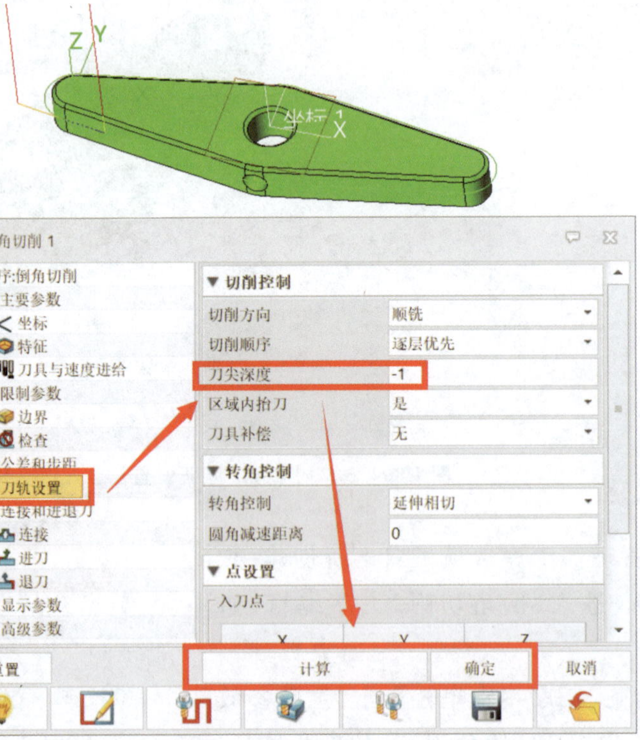

图 K804.3-8 刀轨设置

双击工序中的“倒角切削 1”工序前的图标可切换加工轨迹的显示与隐藏，如图 K804.3-9 所示。

图 K804.3-9 “倒角切削 1”加工轨迹的显示与隐藏

链接知识 K805 实体仿真

实体仿真旨在模拟刀具对毛胚的切屑过程，用于检查程序。坚果夹手柄工艺中的第一面加工的全部加工轨迹生成后，接下来完成实体仿真，查看加工效果，过程如下。

方法 1：在左侧的管理器中点击“工序”，再右击，在功能命令中点击“实体仿真”，如图 K805-1 左图所示。

方法 2：在左侧的管理器中按住键盘上的“Shift”键，先点击第一个工序，再点击最后一个工序，全选生成的工序，而后右击，在功能命令中点击“实体仿真”，如图 K805-1 右图所示。

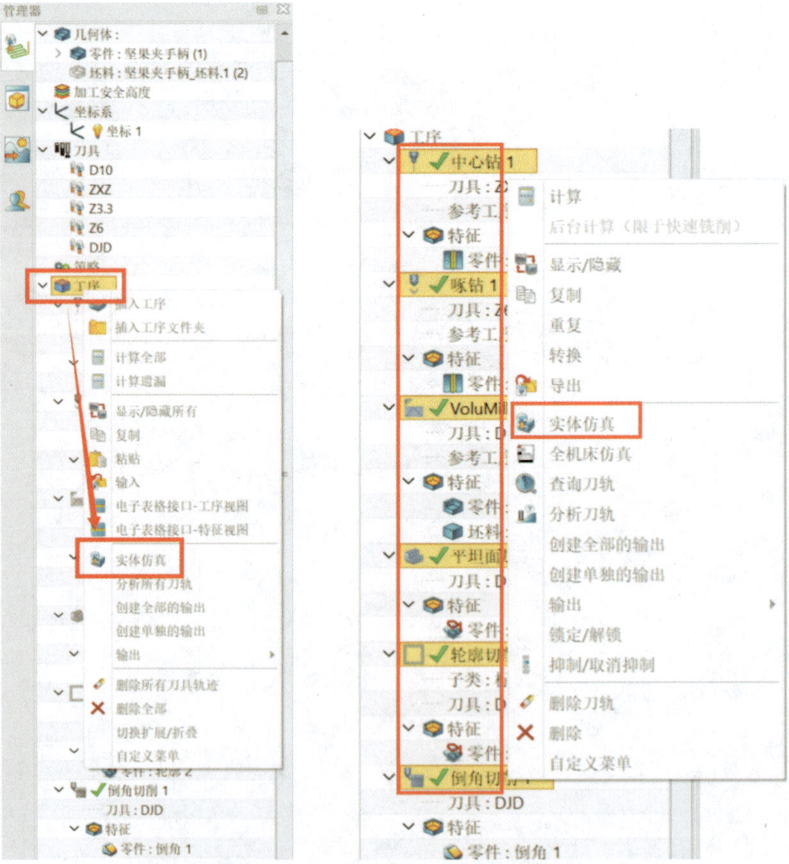

图 K805-1 “实体仿真”功能

在实体仿真进程对话框中点击图标 ▶ 即可开始仿真，如图 K805-2 所示。此时仿真速度会很快，可以调节“运动延时”，设置数值为“－0.4”较为合适，实体仿真进程对话框中常用的功能键及其意义如图 K805-3 所示。

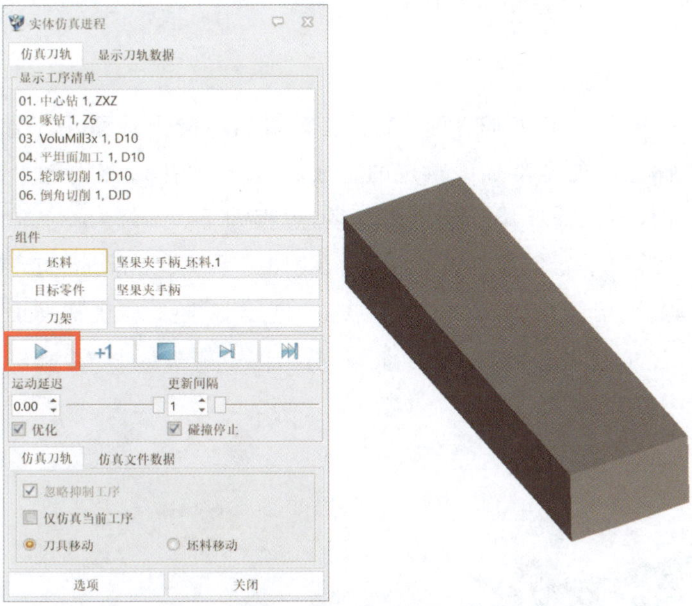

图 K805-2　实体仿真进程对话框

图 K805-3　功能键及其意义

实体仿真完成后的图形如图 K805-4 所示。如果在仿真过程中出现了报错，则需要找到原因，并修改对应的工序。

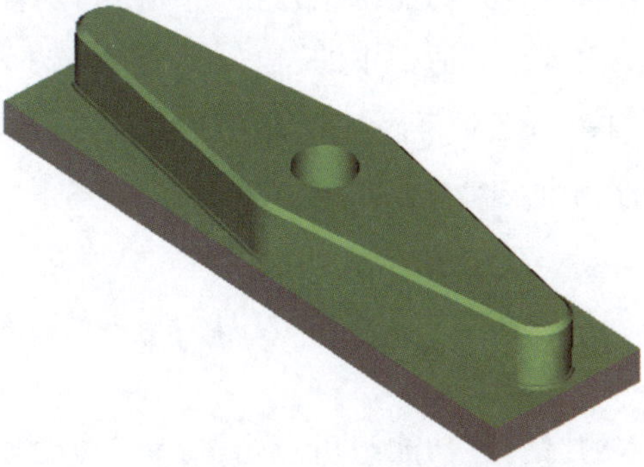

图 K805-4　仿真完成图形

链接知识 K806 添加坐标系

当零件需要换面重新装夹加工时，需要重新添加新的坐标系用于加工。坚果夹手柄工艺中的第一面加工的全部加工轨迹的生成后，接下来生成侧面 M4 低孔加工轨迹，因为更换了加工面，所以需要添加加工坐标系，过程如下。

改变加工面，需要重新创建新的坐标系，在“加工系统”功能选项卡中的“加工系统”功能组中点击“坐标”功能按键，在窗口中点击“创建基准面”，在基准面对话框中点击“(动态)”选择加工原点，并调整到基准面位置，再设置坐标 2 为“激活”，如图 K806-1 所示。

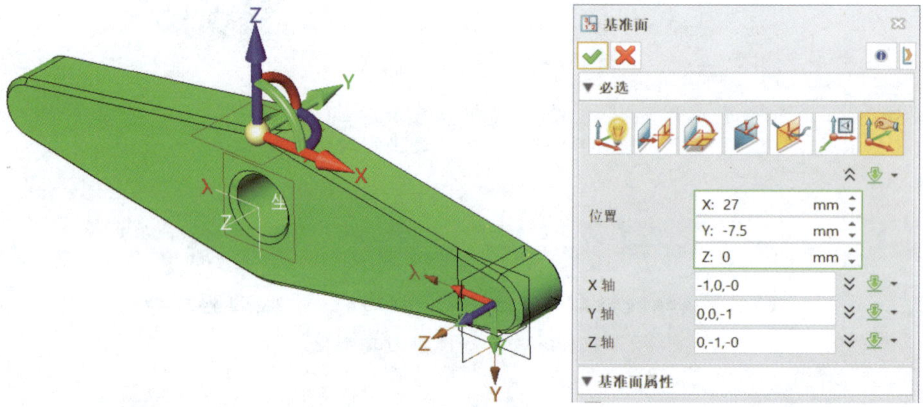

图 K806-1　基准面位置

在“钻孔”功能选项卡的“钻孔”功能组中点击“中心钻”功能按键，在选择特征对话框中点击“新建”，再双击“孔”，在对话框中的“输入类型”处选择“柱面”，再点击“孔”，选择需要加工的孔，再点击“✔”，之后再确认一次弹出的对话框，如图 K806-2 所示。

双击左侧管理器中的“中心钻 2”工序，在主要参数中点击“刀具”，选择“ZXZ(中心钻)”，如图 K806-3 所示。

再点击“深度和余量”，设置最大切削深度为“1”，最后点击“计算”即可完成刀轨的生成，如图 K806-4 所示。

在“钻孔”功能选项卡的“钻孔”功能组里点击“啄钻”功能按键，在选择特征对话框中点击之前建立的“孔 2(中心钻使用的特征)”，点击“确定”，如图 K806-5 所示。

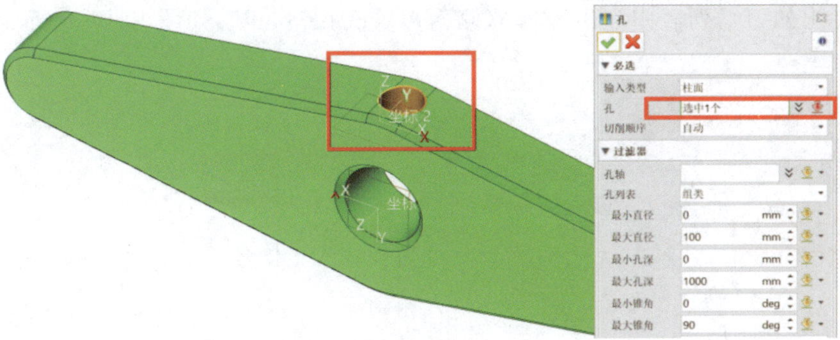

图 K806-2　加工特征孔

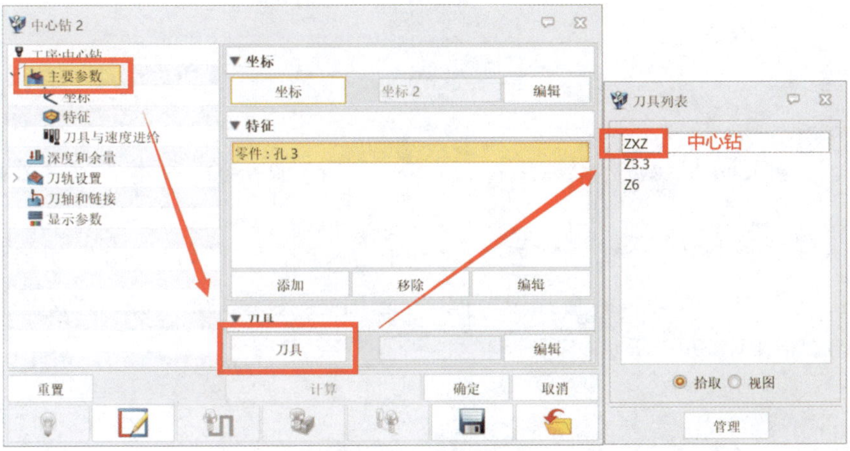

图 K806-3　“中心钻”刀具选择

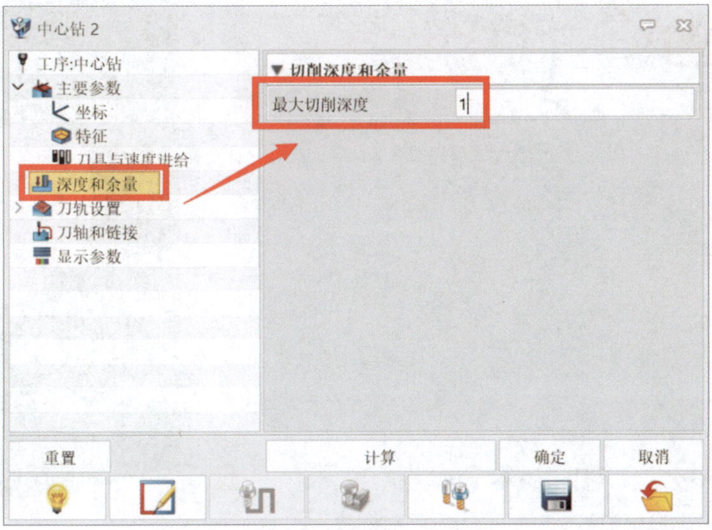

图 K806-4　“深度和余量”设置

在弹出的刀具列表中点击“Z3.3(侧面螺纹底孔钻花)”，如图 K806-6 所示。

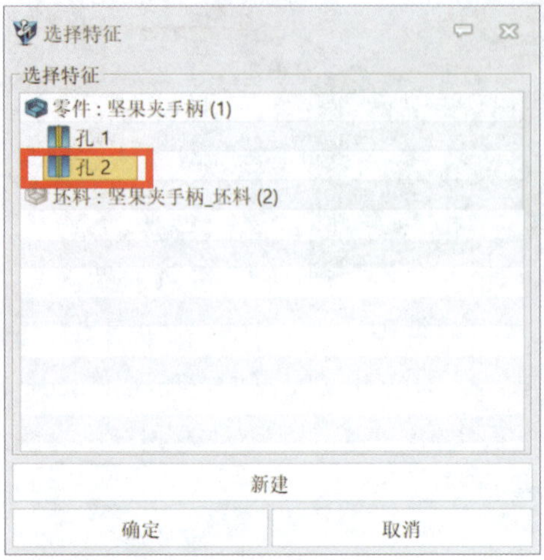

图 K806-5 “啄钻”特征选择

图 K806-6 “啄钻”刀具选择

双击左侧管理器中的“啄钻 2”工序，再点击“深度和余量”，设置最大切削深度为 6（超过通孔深 2～3 mm 即可），再点击“计算”和“确定”生成加工刀路（生成不了则将孔直径改大），如图 K806-7 所示。

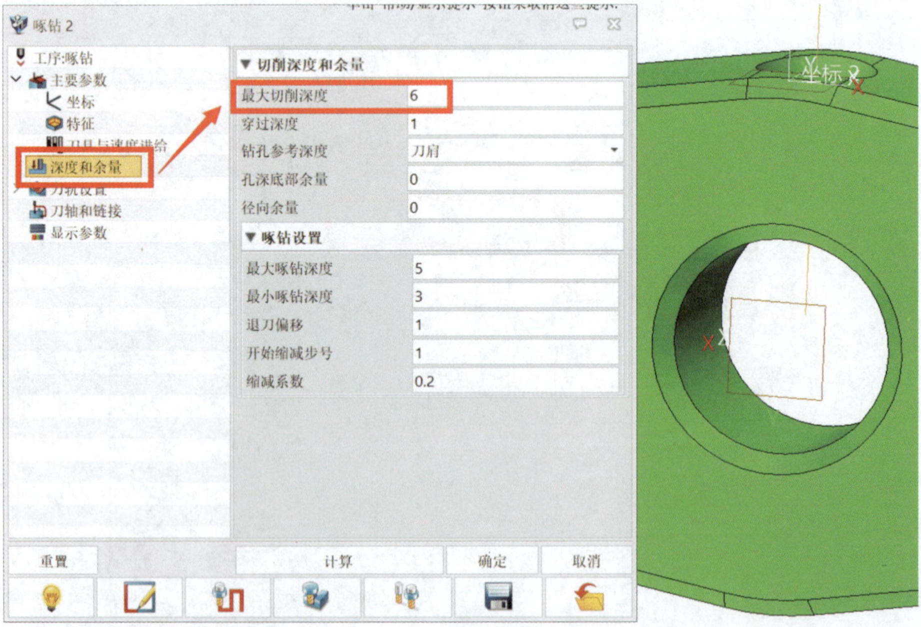

图 K806-7 “深度和余量”设置

链接知识 K807　编辑后处理

坚果夹手柄的全部加工轨迹生成后，接下来需要将所生成的轨迹输出为机床可以识别的加工代码，不同的机床使用的加工代码有些许区别，这就需要对中望 3D 代码生成的后处理进行对应更改，下面以华中系统为例更改中望后处理，编辑后处理流程如下。

双击左侧管理器中的“设备”功能按键，在“设备管理器”中点击“后置处理器配置”，选择其中的“ZW_HNC_3X”，点击“应用”和“确定”，如图 K807-1 所示。

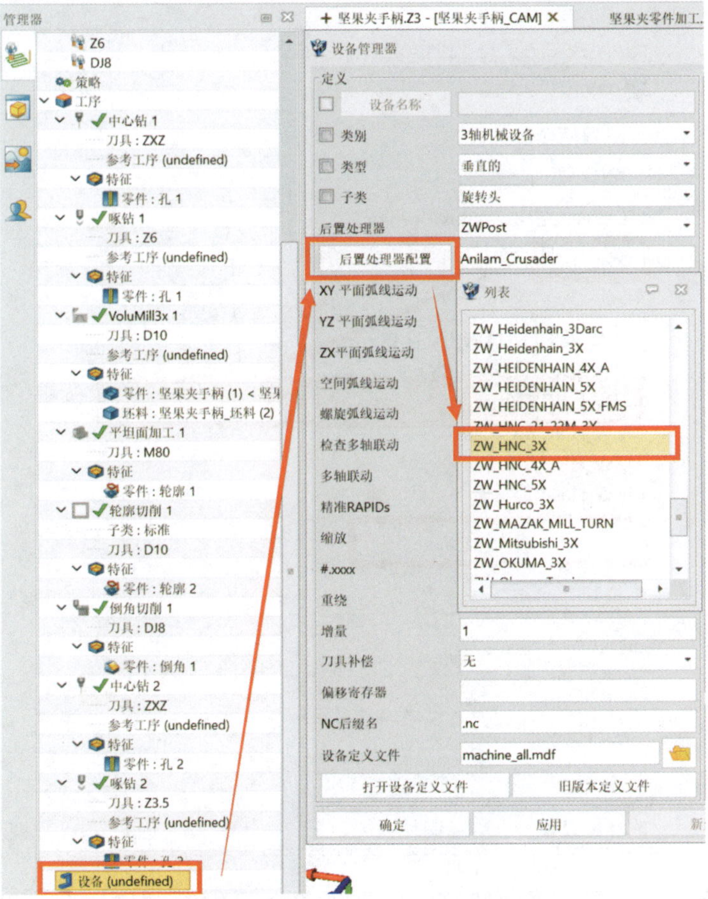

图 K807-1　“后置处理器配置”设置

图 K807-2　设备 1“设置激活”

在左侧管理器中右击“设备：设备 1”新建的“设备 1”，点击“设置激活”，如图 K807-2 所示。

点击“输出”功能选项卡中的“输出”功能组中的“ZW3D 后置处理”功能按键，如图 K807-3 所示。

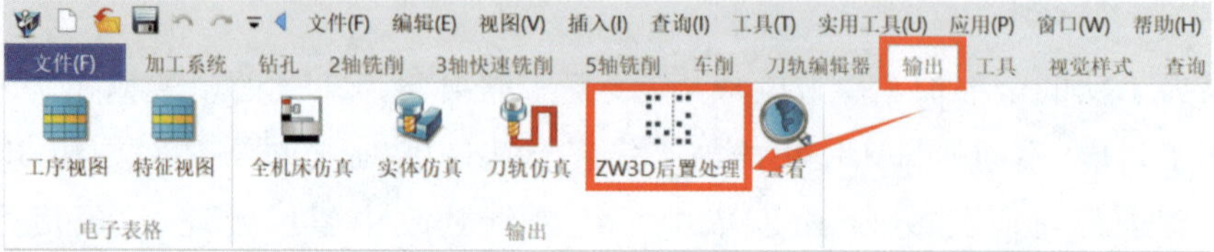

图 K807-3　“ZW3D 后置处理”功能按键

在 ZW3D 后置处理对话框中的“ZNC 文件”中找到“ZW_HNC_3X. znc”，点击“网页编辑”，如图 K807-4 所示。

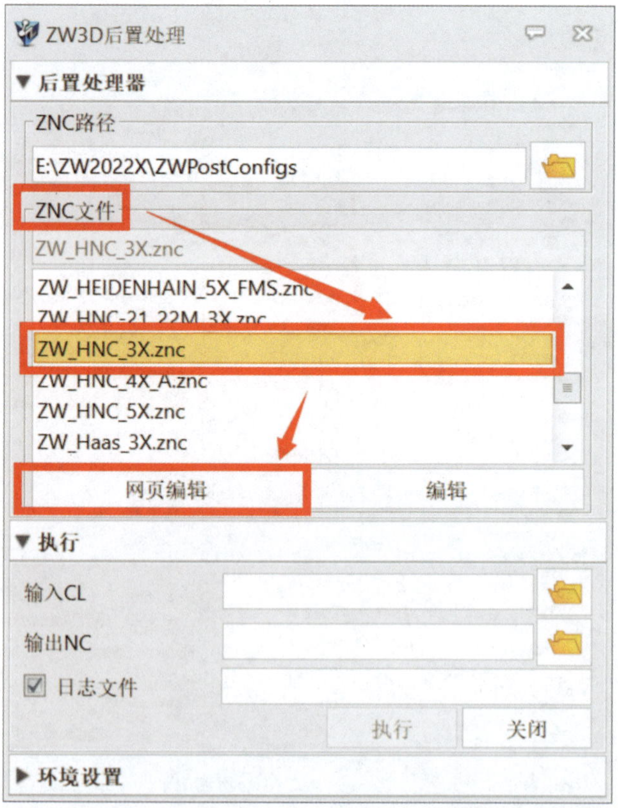

图 K807-4　ZW3D 后置处理对话框

在 ZwPostConfig 对话框中点击“自动换刀”，将最终的预加载刀具勾选为“无”，完成后点击“提交”，进行再次确认，如图 K807-5 所示。

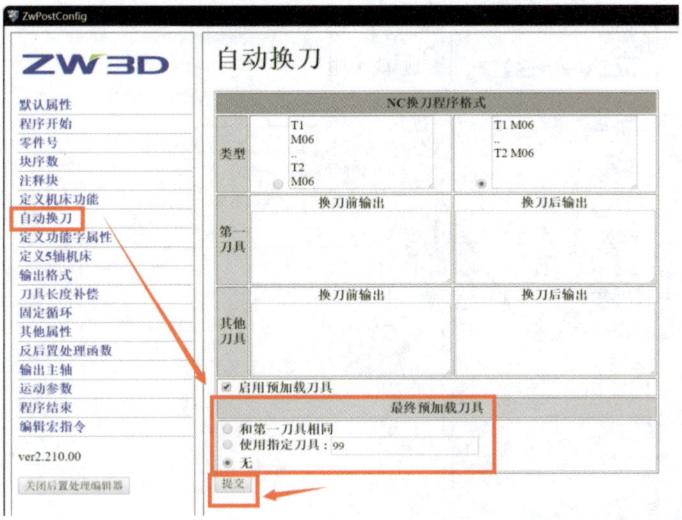

图 K807-5　“自动换刀”设置

在 ZwPostConfig 对话框中，点击“刀具长度补偿”，“使用 G 代码”选择“G43”；“输出选项”选择“换刀后第一次运动”；“Z 值”选择“当前 Z 值”。完成后点击“提交”，进行再次确认，如图 K807-6 所示。

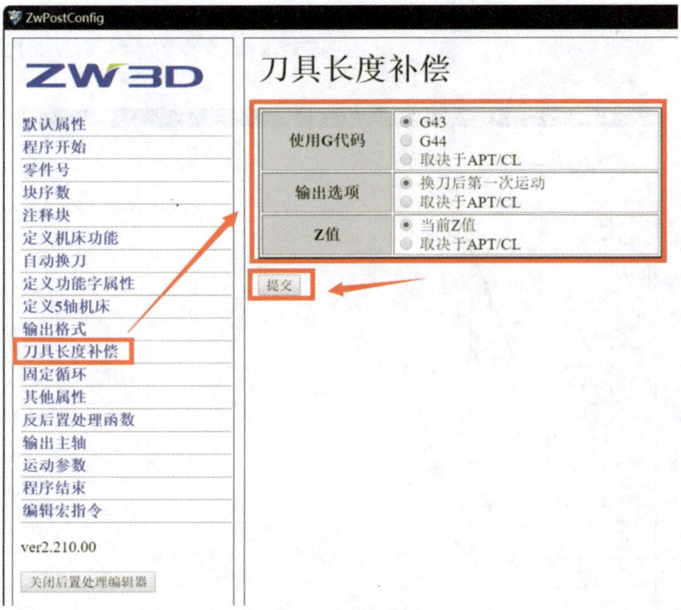

图 K807-6　“刀具长度补偿”设置

在 ZwPostConfig 对话框中点击“输出主轴”,“更改主轴顺序”选择“M03 S1000”,完成后点击“提交”,进行再次确认,如图 K807-7 所示。

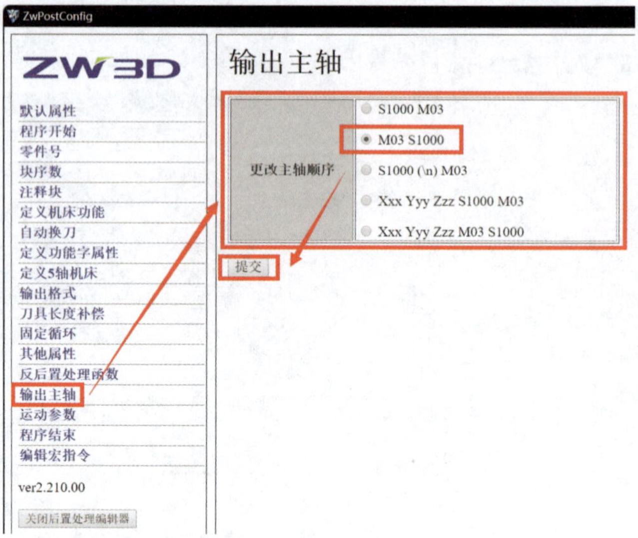

图 K807-7 “输出主轴”设置

在“ZwPostConfig”对话框中点击“程序结束”,在输入框内输入:

G91G28Z0

G28Y0

M30

完成后点击“提交”,进行再次确认,点击“关闭后置处理编辑器”,如图 K807-8 所示。

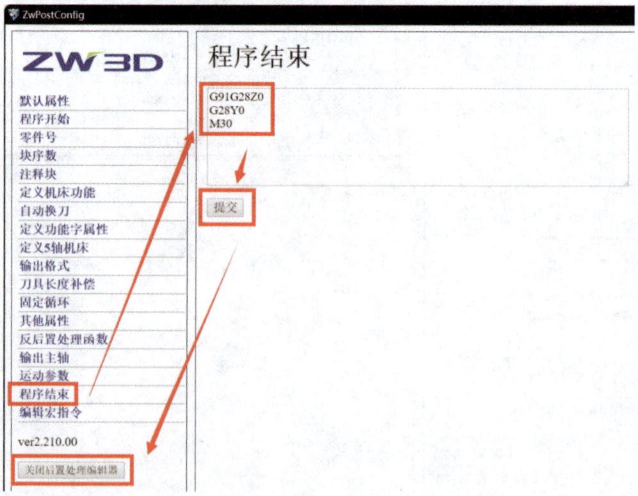

图 K807-8 “程序结束”设置

链接知识 K808 程序输出

后置处理修改完成后，可将所出的刀路轨迹生成为机床可识别的 G 代码程序，程序输出的操作过程如下。

在左侧管理器中右击“输出”，再点击“CL/NC 设置”，如图 K808-1 所示。

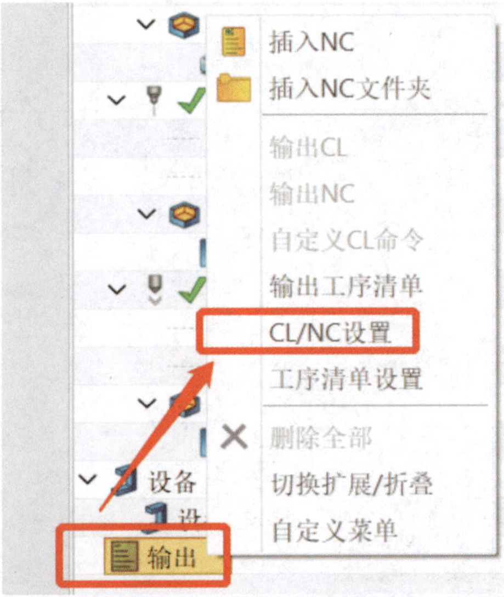

图 K808-1 CL/NC 设置

在输出程序对话框中点击“刀轨坐标空间”，选择对应程序所用的坐标系，例如，输出中心钻 1、啄钻 1、VoluMill3x 1、平坦面加工 1、轮廓切削 1、倒角切削 1 的时候，选择坐标 1，如图 K808-2 所示。

当输出中心钻 2、啄钻 2 的时候，选择坐标 2，如图 K808-3 所示。

在左侧管理器中右击需要输出的程序(如“中心钻 1”)，“中心钻”程序输出，右击“输出”，再点击“输出所有 NC”，如图 K808-4 所示。

在程序对话框中点击“ZW3D 编辑”，如图 K808-5 所示。

在 ZW3D 编辑中，将“%”的下一行(有日期和时间)删除，再点击保存图标，对 G 代码进行命名并保存到对应位置即可，如图 K808-6 所示。其他程序也可按上述方法输出。当输出不同坐标系时，注意修改“刀轨坐标空间”。

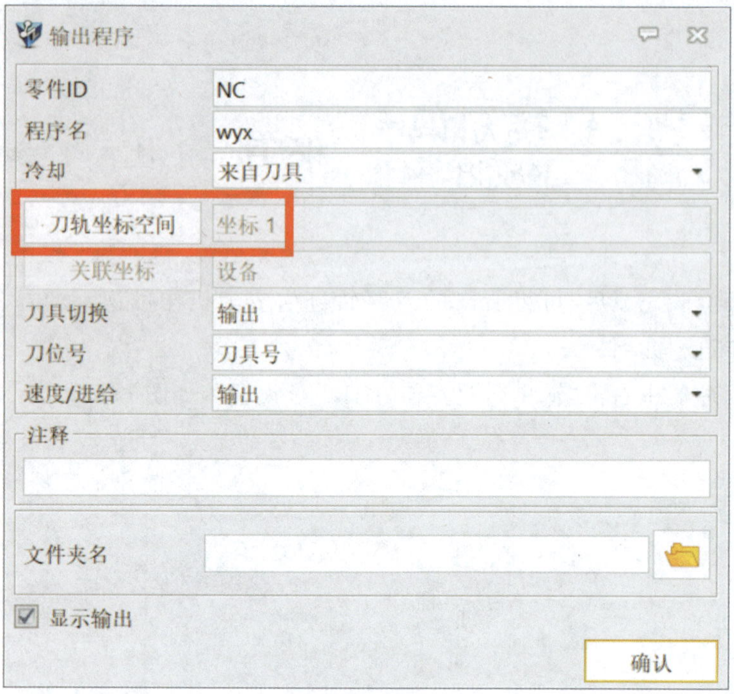

图 K808-2　选择坐标 1

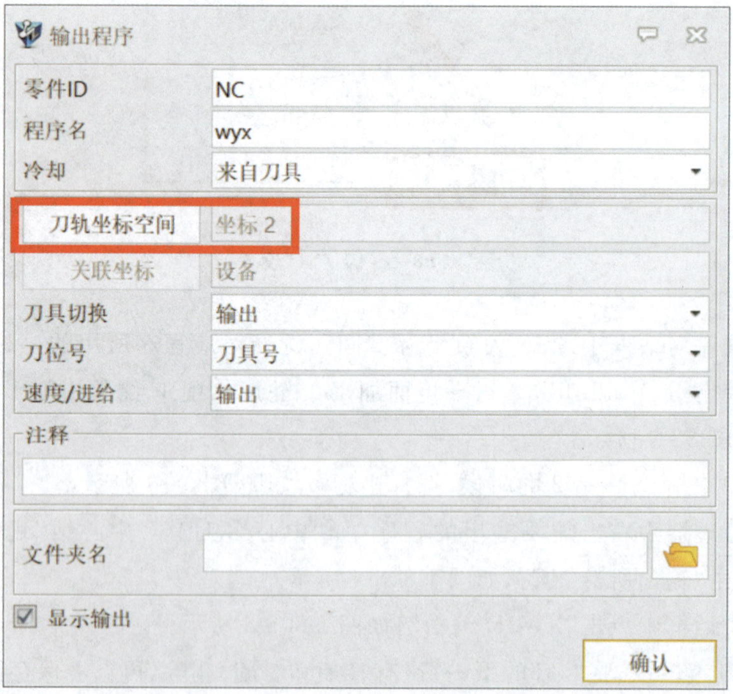

图 K808-3　选择坐标 2

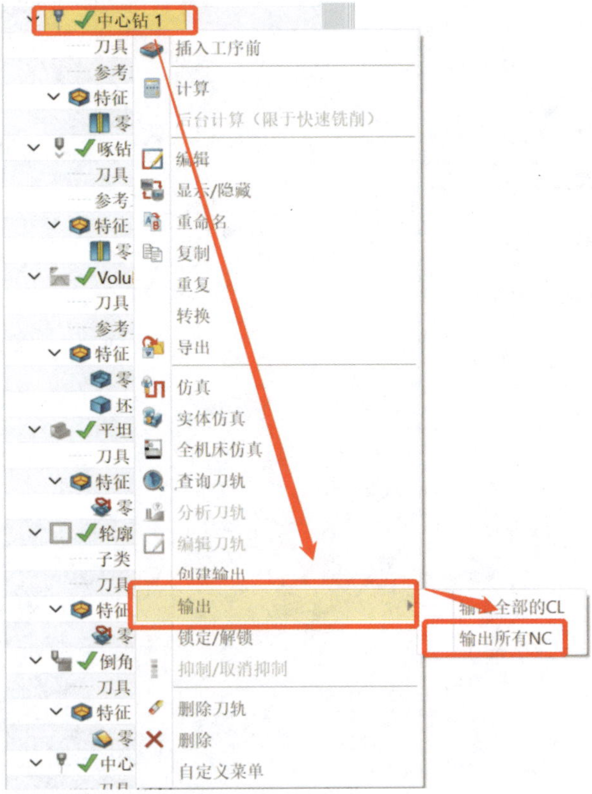

图 K808-4 “中心钻”程序输出

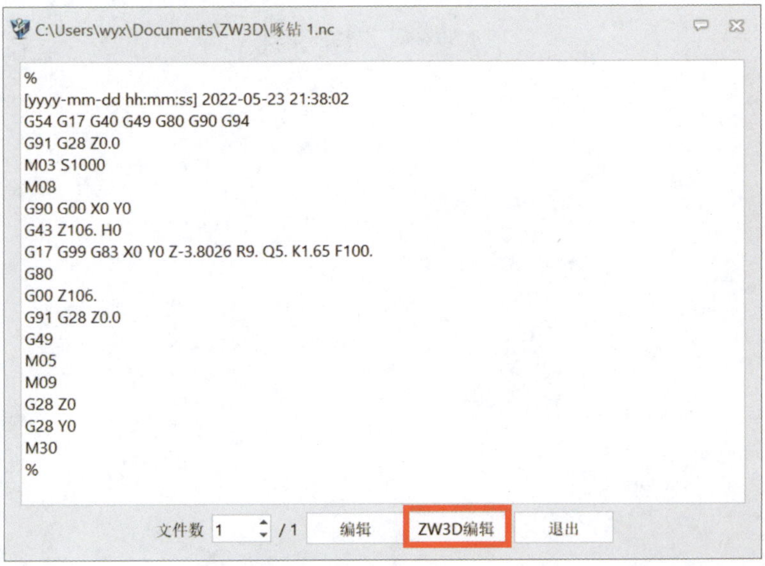

图 K808-5 程序对话框

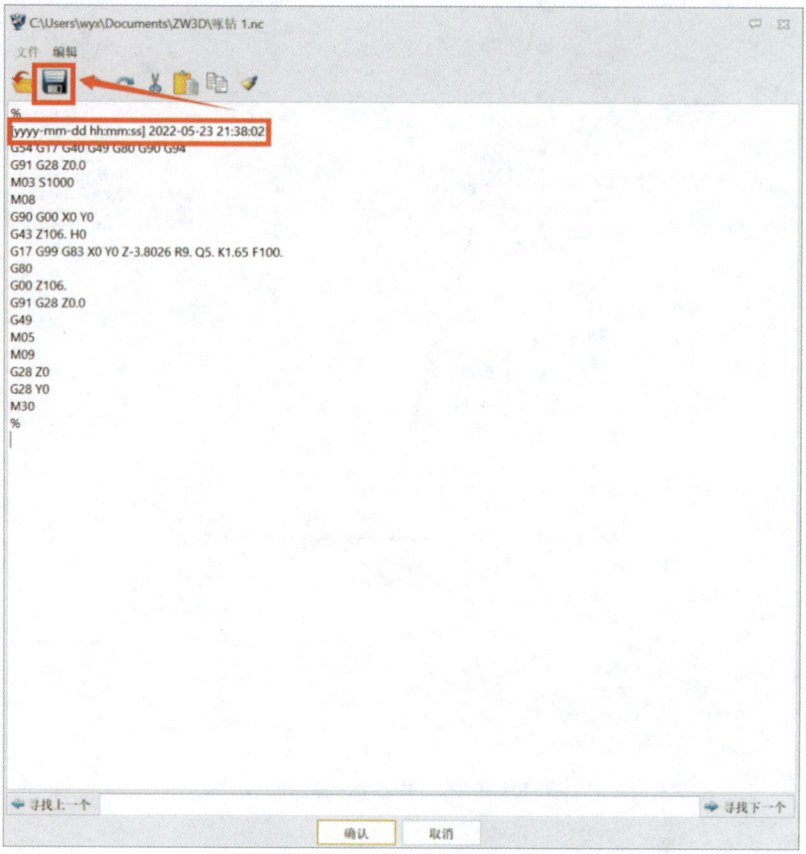

图 **K808-6**　ZW3D 编辑

链接知识 K804.2 螺旋切削

螺旋切削工序是一种平面铣(区域清理)或型腔铣技术,在每一个不同深度处推进刀具远离或朝向零件边界。当需要加工坚果夹底座宽 10 的槽时,动态开粗无法加工到槽内,则需要选择螺旋切削方法进行开粗,螺旋加工轨迹生成过程如下。

螺旋切削的刀路轨迹如图 K804.2-1 所示。

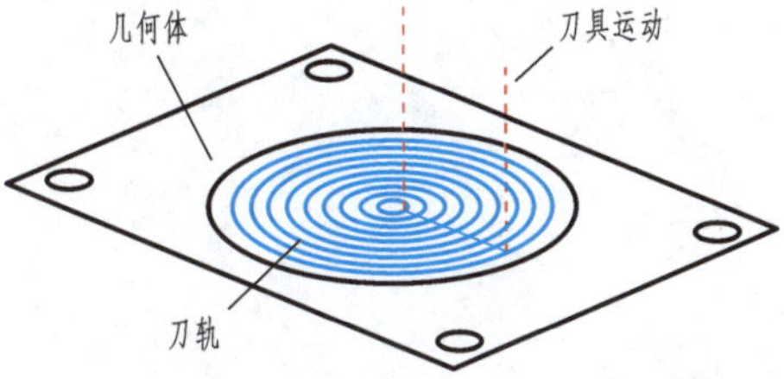

图 K804.2-1　刀路轨迹

点击"2 轴铣削"功能选项卡中的"二维内腔"功能组中的"螺旋"功能按键,如图 K804.2-2 所示。

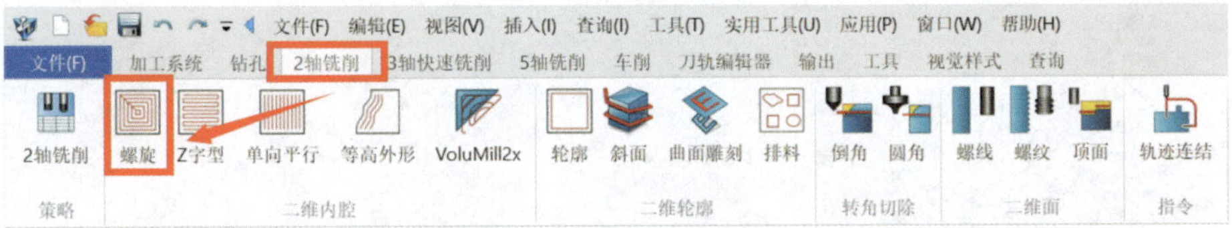

图 K804.2-2　"螺旋"功能按键

在选择特征对话框中,点击"新建",如图 K804.2-3 所示。

双击选择"轮廓",如图 K804.2-4 所示。

在轮廓选择对话框中勾选"快速链选"后选择槽底部轮廓线,选择完成后点击"✔",如图 K804.2-5 所示。

在轮廓特征设置中,将"开放/闭合"修改为"闭合",而后点击"确认",如图 K804.2-6 所示。

在左侧的管理器工序选项里双击所创建的"螺旋切削 1"工序,进入"螺旋切削"工

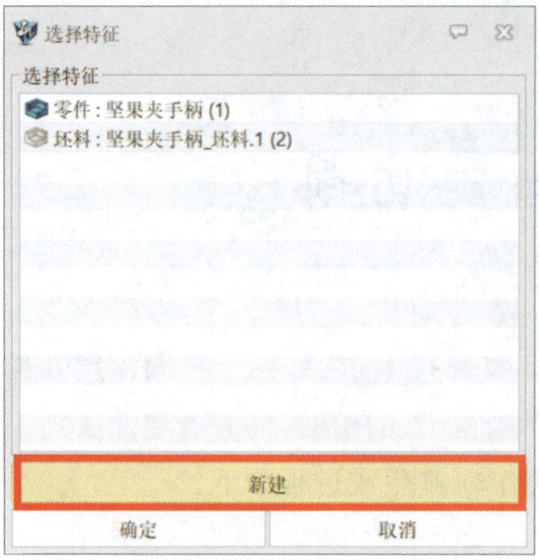

图 K804. 2-3　“螺旋”特征选择

图 K804. 2-4　“轮廓”特征

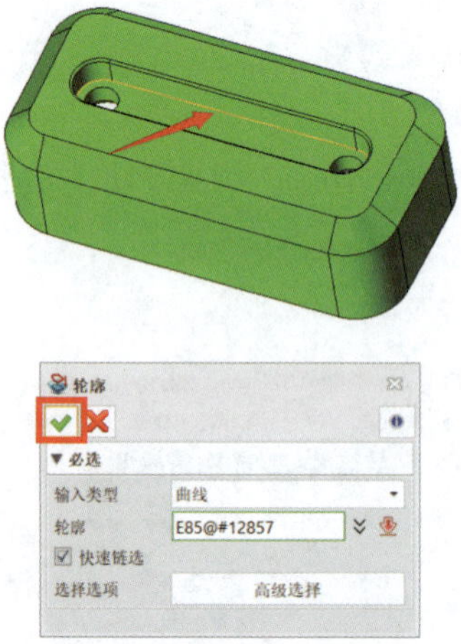

图 K804. 2-5　轮廓线选择

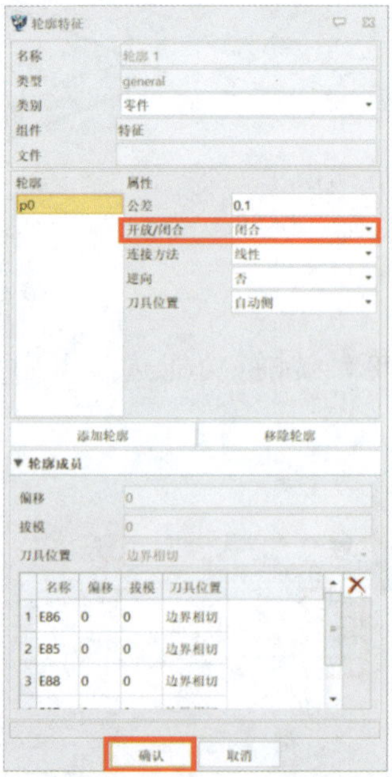

图 K804. 2-6　“螺旋”轮廓特征设置

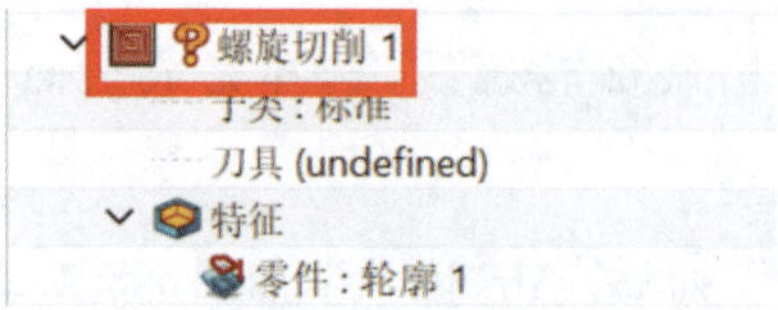

图 K804. 2-7　“螺旋切削 1”工序

序编辑，如图 K804. 2-7 所示。

在“螺旋切削”工序编辑里先点击“主要参数”，点击“刀具”，选择“D6”，如图 K804. 2-8 所示。

点击“限制参数”，点击“顶部”，选择零件上表面，再点击“底部”，选择槽底面，如图 K804. 2-9 所示。

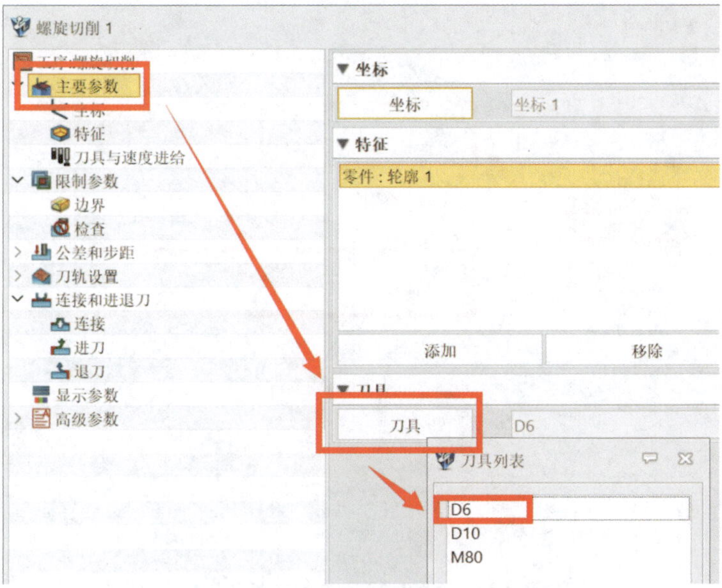

图 K804.2-8　刀具选择

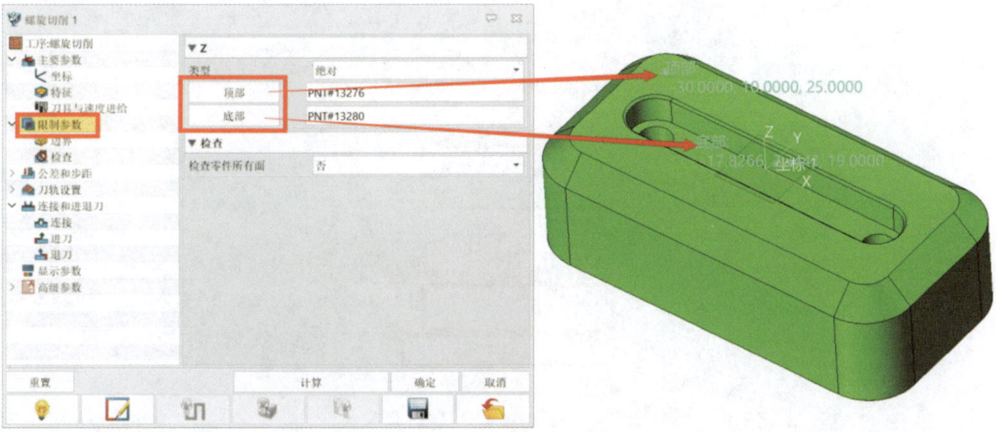

图 K804.2-9　“限制参数”设置

点击“公差和步距”，设置“侧面余量”和“底面余量”均为“0.1”，将“下切步距”改为“10”，如图 K804.2-10 所示。

点击“连接和进退刀”，将“切削高度”改为“0.5”，将“倾斜角度”改为“0.5”，将“进刀长度”改为“0”，将“进刀圆弧半径”改为“1”，再点击“复制到退刀”，最后点击“计算”并点击“确定”，如图 K804.2-11 所示。

双击工序中的“螺旋切削 1”工序前的图标可切换加工轨迹的显示与隐藏，如图 K804.2-12 所示。

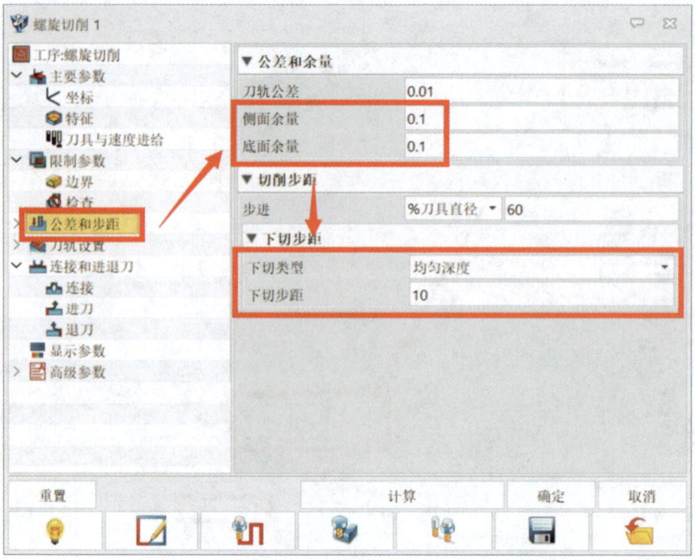

图 K804. 2-10 “公差和步距”设置

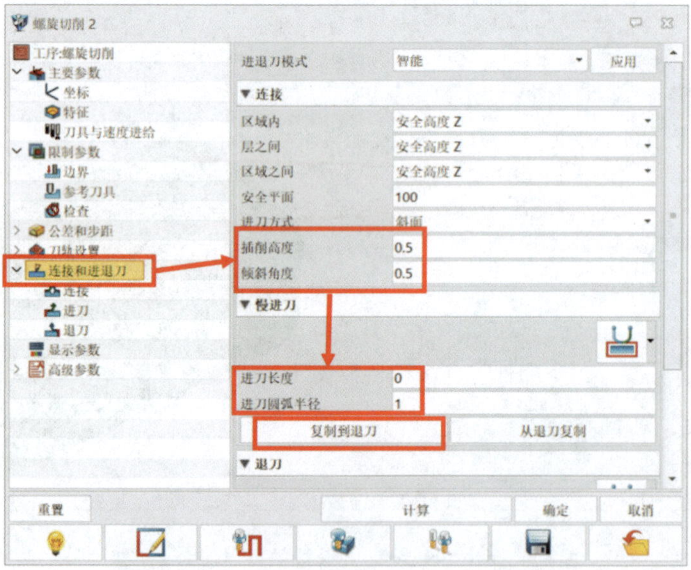

图 K804. 2-11 “连接和进退刀”设置

图 K804. 2-12 “螺旋切削 1”加工轨迹的显示与隐藏

附　　录

关键知识点编码

A303.1	两圆柱正交的相贯线画法
A604	零件图的工艺结构
A605	读零件图
I101	数控车床操作规程
I102	数控车床认识
I103	数控车床的控制面板认识
I104	数控车床的手动操作
I105	数控车床对刀和坐标系的设置
I301	数控程序结构
I302	辅助功能 M 指令
I303	主轴功能 S、进给功能 F 和刀具功能 T
I304	准备功能 G 代码
I601	快速定位指令 G00
I602	直线插补指令 G01
J103	数控铣床操作规程
J101	数控铣床认识
J201	数控铣床的手动操作
J202	数控铣床常用刀柄刀具认识
J203	数控铣床对刀和坐标系的设置
J301	数控铣削基本编程知识
J302	G00、G01 指令的应用
J303	G02、G03 指令的应用
J304	G40、G41、G42 指令的应用
J305	G43、G44、G49 指令的应用
K801	加工系统的设置
K802	钻孔
K803.1	动态开粗（Volumill3X）
K803.2	平坦面加工

K804.1	轮廓铣削
K804.3	倒角
K805	实体仿真
K806	添加坐标系
K807	编辑后处理
K808	程序输出
K804.2	螺旋

参 考 文 献

[1] 钱可强. 机械制图[M]. 北京：高等教育出版社，2017.
[2] 人力资源社会保障部教材办公室. 极限配合与技术测量基础[M]. 北京：中国劳动和社会保障出版社，2014.
[3] 崔陵，娄海滨. 零件测量与质量控制技术[M]. 2版. 北京：高等教育出版社，2014.
[4] 禹诚. 数控车工理实一体化实训教程[M]. 武汉：华中科技大学出版社，2017.
[5] 禹诚. 数控铣工理实一体化实训教程[M]. 武汉：华中科技大学出版社，2017.